JN253658

関西学院大学総合政策学部
教育研究叢書

環境漫才の世界

Hキョージュの環境行政時評

関西学院大学総合政策学部［発行］
久野　武［著］

関西学院大学出版会

関西学院大学総合政策学部教育研究叢書5

環境漫才の世界

――Hキョージュの環境行政時評

『環境漫才の世界――Hキョージュの環境行政時評』の出版を祝して

――総合政策学部開設20周年にあたって――

1995年1月、阪神・淡路大震災で大きな被害を被った関西学院ですが、その影響がまだ続く4月に、神戸三田の地に新しいキャンパスを拓きます。そこに誕生した総合政策学部もいつしか歳を重ね、2015年4月にはキャンパス・学部ともに開設20周年を迎えました。学部としてまさに成人期を迎え、これまでの試行錯誤を振り返りながら、ここから進むべき道について決断しなければならない時期かもしれません。

このようなおり、初代学部長の故天野明弘先生から数えて5代目の学部長を務められた久野武先生が、長年にわたって積み重ねてこられたご経験と深い思索をもとに、ともすれば混迷しがちな日本の環境行政を縦横無尽に論じる『環境漫才の世界――Hキョージュの環境行政時評』を出版されることは、本学部にとっても、開設時の志を改めて確認するものだろうと考える次第です。

高度成長期から公害の時代を経て、さらにバブルの崩壊、失われた20年等を経験した日本は、さらにソ連の崩壊による冷戦終了後にむしろ頻発する国際紛争、なかんずく東日本大震災とそれが引き起こした原発事故に直面しています。これらのさまざまな話題を、あくまでも現場からの視点という立ち位置を崩すことなく、しかし、ことの本質から論じようとするH教授／Hキョージュこと久野武先生の「漫才」に接することは、読者の皆さまにとって、またとない学びの機会であろうと考えます。

本書に目を通されれば、久野先生があたかも韜晦されるように発する言葉のはしばしに、「環境」あるいは「行政」を論じる場合、せめてこれだけは知ってから、議論していただきたいという読者の皆さんに対する熱い思いがあふれていることに気づかされます。さらに、レンジャーとしてお勤めになってから半世紀近くなった今、日本の環境政策の移り変わりのなかで、これだけは譲れないものがある、という基本原理があるはずだ、という確信にふれることができます。

20年前、環境政策、都市政策、国際政策の3つの柱を掲げていた総合政策学部は、時を経るとともに発展し、さまざまな分野に取り組んでまいりましたが（それは、この教育研究叢書シリーズを通読していただければ、ご理解いただけるでしょう）、そのどの分野においても本書での久野先生に通底する熱意と確信が潜んでいると、思っております。

今回は、久野先生に長年の思いの丈を、ある部分は記録として、また「振り返り」として、そしてさらには「今後への提言」として語っていただきましたが、学部としてはこうした発信をさらに続けていきたいと考えております。今後とも、関西学院大学総合政策学部の「試み＝冒険」を見守っていただければ、まことに幸いです。

関西学院大学総合政策学部長　高畑由起夫（総合政策学部教授）

はじめに　環境漫才とは

「Hキョージュの環境行政時評」（当初は「教授」、現在は「キョージュ」）は、さまざまな環境政策が世界や日本のどういう現実とクロスしているのかを、旬の話題を取り上げ、Hキョージュと教え子との軽妙な対話で浮かび上がらせようという趣旨で、ネット上で始めたものです。

ぼくはレンジャー（国立公園管理員、現・自然保護官）としてスタートし、のちにさまざまな環境行政の分野を渡り歩いた環境庁（現・環境省）出身の実務家教員だったのですが、そうした経験が随処に反映しています。

２００３年の１月から、ほぼ毎月１回日本最大の環境ウェブである「ＥＩＣネット」[注1]にアップし始めました。それから10年以上の歳月が流れ、いろんな変遷はあったものの、退職した今もなお、関学総合政策学部ＨＰ上で「新・新Ｈキョージュの環境行政時評」として続いており、ぼくのライフワークというべきものになっています。

お読みいただければおわかりのように、取り上げる話題は重苦しいはずなのに、軽口の応酬やダジャレ等々で、軽い雰囲気にして、読者が取っつきやすいよう、いわば「環境漫才」を試みているのですが、成功しているでしょうか。淡々と事実を報じたり、評価が分かれる場合、中立的に両方の立場や見方を解説するのでなく、キョージュの独

注1　（財）環境イノベーション情報機構が運営する、環境問題に関する情報サイト〈http://www.eic.or.jp/〉。

断と偏見と受け止められても仕方がないくらい、個人的な評価を前面に出しているのも特徴でしょう。環境省批判も平気でしていますが、それは環境庁ＯＢとしての愛情表現なのです。

実は対話調で環境問題を論じるというスタイルは、すでに安井至先生の「市民のための環境学ガイド」〈http://www.yasuienv.net/〉というＨＰに先例がありました。とはいえ、この時評は別段それを模倣したわけではありません、ぼくはもともと自分のなかでダイアローグを重ねる性癖があったことから独自に思いついたので、安井先生のＨＰの存在を知ったのは執筆を開始してからずっと後のことでした。

むしろ、ぼくのオリジナリティは対話調にあるというよりも、それに環境漫才風味つけをしたことでないか、と自分では思っています。Ｈキョージュによる個人的な評価は、ぼくの役人体験や、いつかしら身につけた価値観にもとづくものですが、通奏低音としては、成長信仰への批判であり、環境あっての経済という信念でしょうか。原発か化石燃料か、という一見トレードオフのような問題については、再生可能エネルギーだけでなく、エネルギー需要抑制型社会の構築が必要と考えています。もっとも、ある人からは、ペダントリーが時折鼻につくと評されました。

それがどんな世界なのか。まずは第1部で、最近の時評で広い話題を取り上げた「２０１４・春」と10年以上前の時評デビュー作を取り上げます。次いで環境時評でのさまざまな仕掛けを紹介しましょう。第2部では、これまでの数々の時評から自選のセレクションを公開します。まず、第4章で第33講から第36講までの「本時評の2年半（実は3年）を振り返る」シリーズの主要部分を再録します。それから第5章では、テーマ別に抜粋をいくつかを紹介したあと、本時評がたどった変遷を紹介しましょう。

なお、ページ数の関係で一部省略したり、書籍とするための技術的な理由で、構成を少し変えていることをご了解ください。ネット上の本時評には注やリンクがたくさんあります。たとえば、ＥＩＣネット版（第89講まで。ただし第1講を除く）では本文に**【数字】**を付し、それに対応する傍注を設けています。基礎的な用語等については、本文中に直接リンクを張っていました。これらの傍注やリンクは、ＥＩＣのほうで作成してくれたものです。第90講からの学部ＨＰ版については、傍注はなくなり巻末に関連リンク先を示すだけにしていますが、その数は少なく、その分、本文中からのリンクが増えています。

本書では、これらの注の取り扱いについて、第1章だけネット上の時評に付されたリンクの概要を傍注としています。第2章からは、わずらわしさを考慮して、ネット上の注やリンクはいったん全部カットしたうえで、改めて必要最低限のものだけ、傍注としました。なお、傍注番号は本書のページ順の通し番号になっています。そのうえで、過去の時評等について、今日の時点でのコメントを付したほうがよいと判断した場合には各節の最後に番号ではなくアルファベットで注を入れています。また参照先として過去の時評を（↓○講その△）という形でのリンクも多数張っていますが、本書では（○講その△）だけにしています。また引用した時評はその都度末尾に掲載年月日を記入しました。学部ＨＰではＥＩＣネット版も含め、第1講から全部読めるようになっています。ぜひネット上でもお読みください〈http://semi.ksc.kwansei.ac.jp/hisano/〉。

それでは環境漫才の世界を楽しんでいただければ幸いです。

◆目次

第2部　Hキョージュの環境行政時評セレクション

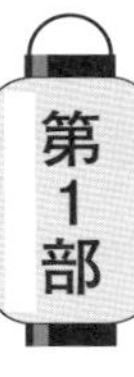

第1部

「Hキョージュの環境行政時評」入門

第1部では、第1章として、最近の時評「2014・春」（通算第111講）を読んでいただきたいと思います。そして第2章にもう1編、10年以上前の時評デビュー作も原稿ファイルで復元しました。そして、第3章ではこの環境時評でのさまざまな仕掛けを紹介しましょう。

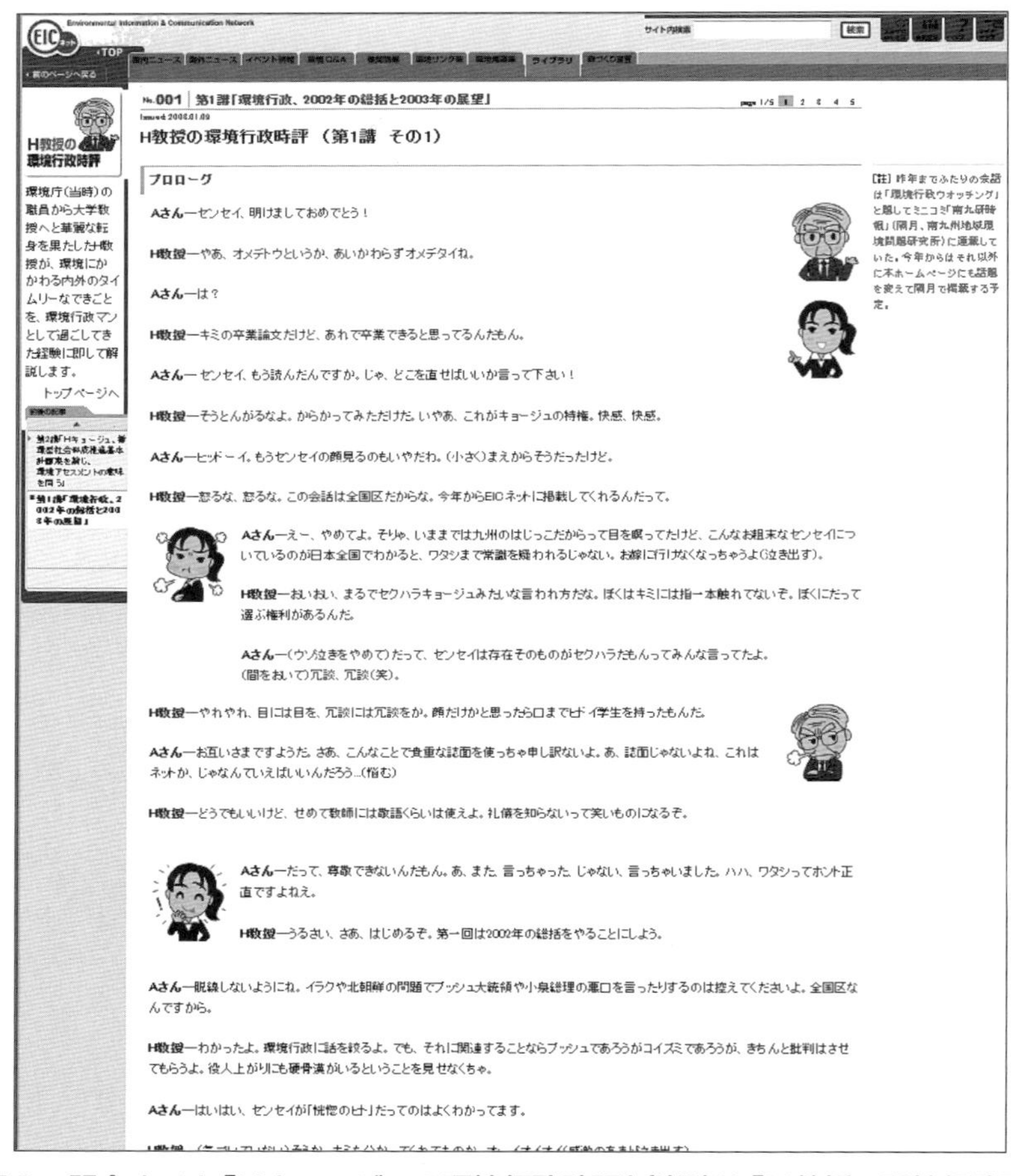

No.001 第1講「環境行政、2002年の総括と2003年の展望」

H教授の環境行政時評（第1講　その1）

プロローグ

Aさん―センセイ、明けましておめでとう！

H教授―やあ、オメデトウというか、あいかわらずオメデタイね。

Aさん―は？

H教授―キミの卒業論文だけど、あれで卒業できると思ってるんだもん。

Aさん―センセイ、もう読んだんですか。じゃ、どこを直せばいいか言って下さい！

H教授―そうとんがるなよ。からかってみただけだ。いやあ、これがキョージュの特権。快感、快感。

Aさん―ヒッドーイ。もうセンセイの顔見るのもいやだわ。（小さく）まえからそうだったけど。

H教授―怒るな、怒るな。この会話は全国区だからな。今年からEICネットに掲載してくれるんだって。

Aさん―えー、やめてよ。そりゃ、いままでは九州のはじっこだからって目を瞑ってたけど、こんなお粗末なセンセイについているのが日本全国でわかると、ワタシまで常識を疑われるじゃない。お嫁に行けなくなっちゃうよ（泣き出す）。

H教授―おいおい、まるでセクハラキョージュみたいな言われ方だな。ぼくはキミには指一本触れてないぞ。ぼくにだって選ぶ権利があるんだ。

Aさん―（ウソ泣きをやめて）だって、センセイは存在そのものがセクハラだもんってみんな言ってたよ。（間をおいて）冗談、冗談（笑）。

H教授―やれやれ、目には目を、冗談には冗談をか。顔だけかと思ったら口までヒドイ学生を持ったもんだ。

Aさん―お互いさまですようだ。さあ、こんなことで貴重な誌面を使っちゃ申し訳ないよ。あ、誌面じゃないよね、これはネットか、じゃなんていえばいいんだろう…（悩む）

H教授―どうでもいいけど、せめて教師には敬語くらいは使えよ。礼儀を知らないって笑いものになるぞ。

Aさん―だって、尊敬できないんだもん。あ、また言っちゃった。じゃない、言っちゃいました。ハハ、ワタシってホント正直ですよねえ。

H教授―うるさい、さあ、はじめるぞ。第一回は2002年の総括をやることにしよう。

Aさん―脱線しないようにね。イラクや北朝鮮の問題でブッシュ大統領や小泉総理の悪口を言ったりするのは控えてくださいよ。全国区なんですから。

H教授―わかったよ。環境行政に話を絞るよ。でも、それに関連することならブッシュであろうがコイズミであろうが、きちんと批判はさせてもらうよ。役人上がりにも硬骨漢がいるということを見せなくちゃ。

Aさん―はいはい、センセイが「恍惚のヒト」だってのはよくわかってます。

［註］昨年までふたりの会話は「環境行政ウオッチング」と題してミニコミ「南九研時報」（隔月、南九州地域環境問題研究所）に連載していた。今年からはそれ以外に本ホームページにも話題を変えて隔月で掲載する予定。

図１．記念すべき「Hキョージュの環境行政時評」（当時は「H教授の環境行政時評」）第１講の最初のページ（2003年1月9日）
〈http://www.eic.or.jp/library/prof_h/h030109_1.html〉

第1章　最近の時評　新・新Hキョージュの環境行政時評2014・春

「春は来たが…」

前説　Aさんの怒りと悲しみ

Aさん　センセイ、前回は（2014年1月）、冬の真っ盛りでした。厳しい寒さと繰り返しの豪雪でしたね。それから3カ月、ようやく春は来ましたし、いよいよGWですが、日本も世界も一向に春が来ませんね。

Hキョージュ　ん？　どういうことだ。

Aさん　1月末には『Nature』誌にSTAP細胞論文が発表され、リーダーの小保方サンの笑顔はニホンを明るくしましたが、あっという間に失墜し、泥沼の様相を呈しています。

Hキョージュ　そうだったね。で、2月には都知事選。細川＝コイズミさんは宇都宮サンとの一本化に失敗し落選。コイズミ劇場再現はならなかったが、つい最近も脱原発社会を目指すとして一般社団法人「自然エネルギー推進会議」を立ち上げると発表した。

Aさん　そうだったですね。さすが元ソーリコンビ、意気軒昂、天を衝く勢いです。

Hキョージュ　ボクの若き日のアイドルでマドンナの吉永小百合サンも賛同人になられるそうだ。

Aさん　ハイハイ、よかったですね。一方、2月初めからウクライナが血腥（ちなまぐさ）くなりました。首都の騒乱状態のなかでロシア寄りの大統領は逃亡を余儀なくされ、反ロシアの暫定政権が誕生。そうするとロシア系住民が多数を占めるクリミア自治共和国は、住民投票によりロシアと併合すると発表。その後もウクライナ東部ではロシア系住民が警察や市庁舎を占拠する等の流動状態が続き、この先どうなるか見当がつきません。国際社会ではロシアを非難する声が強いですが、どう思われます？

Hキョージュ　むずかしいねえ。そもそもウクライナの暫定政権に政権としての法的正当性はないものなあ。「民族自決の原則」というものもあるにはあるが、どこの地域だって、少数派民族も混在しているのがふつうだ。民族と国家の関係にうっかり手をつけると収拾がつかなくなるおそれがあるので、国際社会でも、国家からの離脱は今までタブーになっていたんだ。だからクリミアの件は「パンドラの匣（はこ）」を開けちゃったことになる。

Aさん　日本国内もなんとなく、きなくさい動きがとまりません。安倍サンは集団自衛権の容認に突っ走り始め、NHKの人事も壟断。政治任命した法制局長官はトンデモ発言を繰り返しています。そんななか、民主党は低迷を続けるばかりですし、一時「第三極」と、もてはやされたみんなの党や維新も内紛や混乱が続き、安倍サンの支持率は依然として高いまま、オバマさんを迎えることができました。

Hキョージュ　維新は石原サンと野合して以来、橋下旋風もすっかり下火になった。一方、みんなの党については、今月に入って露見した渡辺サンのスキャンダルは猪瀬サン以上だ。これじゃあ、多くの国民が見かぎるのも当然だろうな。安倍政権だが、世論調査を見るかぎり、原発にしても、集団自衛権の容認にしても否定的な声のほうが強いのに、支持率が高いって、ホント不思議だね。[注a]

Aさん　悲劇も起きています。3月のマレーシア航空機行方不明事件が解決しないうちに、韓国の大型旅客船の惨劇が起きました。

Hキョージュ　船長や乗組員が真っ先に逃げ出したものねえ、ヒドイ話だ。100年前のタイタニックは悲劇だったけど、これは惨劇というしかないねえ。多くの亡くなられた乗客の冥福を祈ろう。

Aさん　ホント、暗い話ばかりですねえ。いったい日本は、世界はどうなっちゃうんですか。

Hキョージュ　ま、気持ちはわからないでもないが、ここは政治ゼミじゃなくて、環境ゼミだから。

Aさん　環境のほうもそうです。フクシマの汚染水はとまらないまま、原発再稼働の動きは加速しています。そして三陸では住民の意向も聞かず、大規模な防潮堤一本槍。3・11から3年。何ひとつ教訓から学んでないじゃないですか。

Hキョージュ　まあ、気持ちはわかるけど、そう悲観的になりなさんな。そのうち必ず好転するよ。

Aさん　えっ、ほんとうですか？　根拠は？

Hキョージュ　やまなかった雨はない、明けなかった夜はない（きっぱり）。

Aさん　はあ、それが根拠ですか（肩を落とす）。

Hキョージュ　水俣病の認定基準自体は変えなかったが、新たな運用指針が出された。従来は複数の症状を事実上の必須要件としていたのを、条件付きながらも手足の感覚障害だけでも認められるとしたことは一歩前進だろう（第22講その3）。さあ、ボチボチ本番といこうか。まずは温暖化＝気候変動をめぐる動きだ。

1　ＩＰＣＣ第５次評価報告書とＣＯＰ20

京都議定書目標とＩＰＣＣ第５次評価報告書

Ａさん　日本の２００３年から２０１２年までの温室効果ガス排出量が確定しました。１９９０年比で８・４パーセント減。京都議定書目標は最終的に達成したそうです。

Ｈキョージュ　でも実際の排出量は90年比で１・４パーセント増加だ。議定書で認められた「森林吸収」[注2]だとか、京都メカニズム[注3]の排出量取引やＣＤＭ[注4]の活用で、達成したかに見えるのにすぎない。しかも２００８年までは、京都メカニズムを使っても、達成は不能と思われていたところに、いわば「神風」が吹いたんだ。

Ａさん　「リーマン・ショック」ですね。悲しい神風……。

Ｈキョージュ　うん、日本の場合、温室効果ガスの排出量は、排出抑制対策よりもはるかに好不況の経済情勢が利くなんてあまりにも悲しいよね。

Ａさん　ところでＩＰＣＣの第５次評価報告書[注5]ですが、昨年秋の第１作業部会に引き続いて、今月（４月）、立て続けに第２作業部会、第３作業部会の報告書が公表されました。

Ｈキョージュ　まずは第２作業部会から話してごらん。

第２・第３作業部会

Ａさん　第２作業部会は横浜で開催されました。報告書は温暖化の影響、適応、脆弱性に関する最新の科学的知見をとりまとめたものですが、内容は予想通りで、より深刻になっているというものですね。

Hキョージュ　うん、すでに温室効果ガスの増加により、水資源や農作物、生態系等「すべての大陸と海洋で影響が表れている」と断言した。そして主要なリスク分野として食料、水、健康等8つをあげ、影響の深刻化を予想している。

Aさん　そのあとベルリンで第3部会が開催され、報告書[注6]が公表されました。第1・第2部会の報告を踏まえ、より社会科学的な「温室効果ガスの排出抑制策および気候変動の緩和策の評価」を行ったわけです。

Hキョージュ　うん、国際的な合意ができているのは、産業革命前からの気温上昇を2度以内に抑えようということだ。もうすでに0・85度上昇したそうだから、あと1度少ししかない。IPCCは特定の選択肢を勧めるものではないとしているが、世界中の研究機関で行われた900の削減シミュレーションを分析し、その2度目標が可能かどうかを評価したものだから、「なにをなすべきか」を示唆したといえるだろう。

Aさん　どんな内容なのですか？

Hキョージュ　世界の排出量はなお増加傾向にあり、2010年は約500億トン。本格的な削減に取り組まないと、

注2　森林の育成等で、温室効果ガスである二酸化炭素を吸収すること（EICネット環境用語集「吸収源」）。

注3　COP3の京都議定書で認められた排出量取引、共同実施、クリーン開発メカニズム（CDM）等をさす（EICネット環境用語集「京都メカニズムの概要」）。

注4　Clean Development Mechanism の略。京都議定書で定められた柔軟性措置（京都メカニズム）の1つ。先進国（の企業）が途上国の（企業の）温室効果ガスを排出削減した場合、その削減量を先進国（の企業）の削減量とみなすシステム。

注5　気候変動に関する政府間パネル（IPCC）第5次評価報告書〈http://www.env.go.jp/earth/ipcc/5th/index.html〉。

注6　気候変動に関する政府間パネル（IPCC）第5次評価報告書第3作業部会報告書（気候変動の緩和）の公表について〈http://www.env.go.jp/press/file_view.php?serial=24376&hou_id=18040〉。

今世紀末には3・7～4・8度上昇する。2100年までに気温上昇を2度以内に収めるためには、世界の排出量を2050年には2010年比で40～70パーセント削減し、2100年にはゼロかマイナスにしなければならないとしている。

Aさん　マイナスにするって？

Hキョージュ　はは、マイナスはちょっとイメージできないな。[注b]

Aさん　大幅削減するにはどうすればいいと言っているのですか？

Hキョージュ　エネルギー需要を減らすこと。低炭素エネルギーの電源比率を現状の3割から2050年には8割以上にしなければいけないとしている。

Aさん　具体的には？

Hキョージュ　水力、太陽光、風力等の再生可能エネルギー、原子力、あとはCCS＝二酸化炭素回収・貯留装置付きの火力だ。

Aさん　IPCCも原発に期待しているのですか？

Hキョージュ　いや、「原子力エネルギーは成熟した低GHG排出のベースロード電源だが、世界における発電シェアは1993年以降低下している。低炭素エネルギー供給への原子力の貢献は増しうるが、各種の障壁とリスクが存在する」という微妙な言い回しをしていて、IPCCのなかでもいろんな意見があることを示唆している。そして付属文書では、原発なしでも可能なシナリオもあるとしている。

Aさん　うーん、つまり一言でいえば、温暖化懐疑論なんて科学の世界では存在せず、きわめて深刻で、ただちに国際協力による大幅な排出削減が必要ということですね。

Hキョージュ　問題は、メディア、ひいては世論の反応が小さかったことだ。どちらも新聞の一面トップにもならなかった。

Aさん　そうですよねえ。新聞も週刊誌も小保方サンの話題が千倍以上も大きく長く取り上げられていますものねえ。この先はどうなるんですか。

Hキョージュ　小保方サンか？　わからないけど、なんとなく彼女って健気な気がするよね。彼女自身はSTAP細胞を作ったんだと今でも思い込んで……。[注c]

Aさん　（遮って）違います！　IPCCのほうです！

Hキョージュ　あ、そっちのほうか（照れ笑い）。10月にデンマークで開催される第40回総会で、統合報告書が公表される予定だ。

Aさん　それが年末にペルーで開かれるCOP20に連動するわけですね。

Hキョージュ　連動すればいいんだけどねえ……。原発推進論者は目いっぱい政治的に利用しようとするんだろうね。

注a　その後、みんなの党は解党し、維新も石原＝平沼グループが分党。2014年12月の総選挙の結果、与野党比は与党が地滑り的に大勝した2012年の総選挙結果と大差ないものになった。

注b　バイオマスからの排出は炭素循環中のものであり、排出量としてはカウントされない約束事になっている（いわゆるカーボンニュートラル）。これで排出されたCO_2を人為的に回収・貯留できれば、マイナスにカウントされるそうだ。

注c　STAP細胞については、第三者が結果を再現できないほか、さまざまな不正や疑惑が指摘された。指導者の笹井博士は自殺し、論文は撤回された。理研は小保方リーダーに再現実験させたが、失敗。ついに理研はSTAP細胞は存在しないと結論づけ、いくつもの謎を残したまま、小保方リーダーは退職した。

2　原発・最新諸動向　原発はどこに行く

原発輸出の陥穽

Aさん　その原発に関しても、いくつかの動きがありました。4月、原発輸出を可能にするためのトルコ、UAEとの原子力協定が衆参両院を通過しました（2013・夏　その3）。驚いたのは脱原発の民主党も賛成に回ったことです。

Hキョージュ　民主党は当初原発再稼働を主張し、原発輸出に積極的だった。後に脱原発と言い出したけど、原発輸出そのものには賛成なんだ。ヘンテコな話だけどね。あまり知られていないけど、原発輸出先国の「核のゴミ」は日本が引き取らねばいけないかもしれないらしいぜ。

Aさん　そ、そんなバカな、自国のゴミもどうにもならないのに……。

Hキョージュ　核のゴミからはプルトニウムを取り出せる。途上国に軍事転用されちゃいけないという核不拡散の観点からそうなるそうだ。UAEのほうは、だから日本が引き取ることになる。トルコのほうは協定では日本が同意すれば、トルコのほうで処理できるという条項が付け加えられたが、それは核武装に直結するから、米国がそんなことを簡単に許すとは思えない。あと、万が一途上国で事故が起きた場合、日本も一定の責任を負わなければならない。そのためにも、きちんとした安全審査を日本でやっておかないと、事故の全責任を押しつけられることになりかねない。

Aさん　そうか、昨年廃炉が決まった米国のサンオノフレ原発は、事故原因の装置を製作した三菱重工に4000億円の損害賠償請求がなされましたものね。

Hキョージュ　従来は旧原子力安全・保安院が書類上の安全審査を行っていたんだけど、原子力規制庁は輸出のための安全審査はやらないんだ。かといって経産省では審査するセクションがないし、審査する人材もいない。

Aさん　な、なんてデタラメな！（絶句）

新たなエネルギー基本計画[注7]と原発再稼動

Aさん　あと、新たなエネルギー基本計画が閣議決定されました（2013年・夏　その5）。原発は重要なベースロード電源だと位置づけ、核燃サイクル[注8]も依然として推進することにしています（第18講　その4）。公明党は選挙公約では脱原発・核燃サイクル見直しをいっていたのに、あっさりと変節しました。

Hキョージュ　公明党は集団自衛権でも変節しちゃったものな。

Aさん　新しい基本計画でも、一応は、原発依存度を低減させるとしています。

Hキョージュ　日本には古い原発が多い。規制委員会の要求する整備をして、なお黒字が見込める10原発17基を再稼働申請しているんだから、結果的に依存度は低減するだけの話だ。重要なベースロード電源だということは、当然しかるべき時期にリプレースや新設、そして廃炉時期延長を言い出すに決まってる。ホント、懲りない人々だね。びっくりしたのは基本計画のなかに「高温ガス炉の研究推進」なんて文言が入ったことだ。

注7　エネルギー政策の基本的な方向性を示す計画で、エネルギー政策基本法第12条の規定に基づき政府が作成する（EICネット環境用語集「エネルギー基本計画」）。
注8　ウラン採掘から核燃料の製造、原子力発電を経て、使用済み核燃料の貯蔵または再処理までの過程の総称。サイクルとして完結しているわけではない（weblio辞書「かくねんりょうサイクル」）。

Aさん　高温ガス炉？　それはなんですか？

Hキョージュ　冷却材にヘリウム、減速剤に黒鉛を使う、「次世代原子炉」といわれている。メルトダウンを起こしにくいそうだ。だけど研究面で日本が集中してやらなきゃいけないのはフクシマの汚染水対策だとか、メルトダウンした炉心の取り出しとか、廃炉技術だし、フクシマの原因の徹底解明だろう。

Aさん　高温ガス炉って、そもそも実現する可能性はあるんですか？

Hキョージュ　高温ガス炉は「次世代」どころか、現在の軽水炉以前に開発が始まっている。実証炉までいったが、結局軽水炉に負けた代物だ。予算獲得のネタで、原子力ムラの延命策に決まってるじゃないか。

原発の特殊性

Hキョージュ　問題はフクシマから何を学んだかということだ。原発だけが持つ特殊性を、きちんと理解していなければならないんだけどねえ。

Aさん　特殊性っていうと？

Hキョージュ　そもそも核分裂の連鎖反応なんてのは、自然界では起きない事象なんだ。オクロの天然原子炉[注9]は、たとえ事実だったとしても例外中の例外。核分裂生成物の処理方法もないんだ。核分裂は研究の対象であっても、技術として実用化すべきものではなかったと思うよ。

Aさん　原子爆弾もそうですね。

Hキョージュ　事故に関していうと、通常のリスク論の場合、リスクの大きさは「発生確率×損害の大きさ」なんだけど、それがたぶん通用しない世界なんだ。過酷事故が起こる確率は確かに低いが、起こった場合の最悪の惨劇は想像もつかないほど大きい。フクシマは悲惨な事故だが、東日本壊滅にいたらなかったのは僥倖にすぎないという見方だってあるほどだ。

Aさん　その確率も最初の想定よりはるかに大きいんじゃないですか。

Hキョージュ　うん、ラスムッセン・レポート[注10]では1基あたり過酷事故が起きるのは10億年に1回という、とんでもない確率とした。でも実際にはスリーマイル、チェルノブイリ、フクシマと30年で3回起きた。ま、それでも1カ所あたりにすれば数百年に1回だから、少ないといえば少ない。

Aさん　でも決して無視しうるものじゃないですよね。

再稼働のその前に①　過酷事故が起きたらどうするか?

Hキョージュ　うん、しかも南海トラフ地震や富士山噴火だけでなく、前にも言ったように（2013・夏　その4）、スーパーボルケーノ[注11]がいつ起きてもおかしくない。スーパーボルケーノは防ぐすべはなく、起きれば付近の原発はメルトダウンするしかない。もし再稼働をいうのなら、過酷事故が起きた場合、その対応をどうするかをきちんとしておかねばならない。

Aさん　安倍サンは、原子力規制委員会で安全性が確認された原発から再稼働と言ってますが…。

Hキョージュ　でもそれはフクシマ以前も同じだろう。原子力安全委員会と原子力安全保安院で「安全は担保されている」って散々言っていたはずだ。まず第一に確認しておかねばならないのは、絶対の安全などありえないと

注9　アフリカのガボン共和国オクロにおいて、有史前に核分裂反応が起こっていたと推測されているウラン鉱床。
注10　1975年に出された原発のリスクに関する報告書。
注11　約7000年前の喜界カルデラを作り出した巨大噴火のように地球環境に影響を及ぼし、集団絶滅を引き起こす可能性がある超巨大火山。

いうことだ。だから、万々が一起きたとき、どういう対応をするかということをあらかじめ考えておかねばならない。

Aさん　そのために新たな規制基準もつくりました。

Hキョージュ　だからあ、その規制基準をクリアしたからって、絶対安全とは言えないってことだ。そしてそのとき何をなすべきか、ということをあらかじめ考えておかねばならない。

再稼働のその前に②　「原子力規制法」の制定を！

Aさん　実効性のある避難計画がそうですね。

Hキョージュ　それも1つなんだけど、大間原発の話をあとでするので、そのときにしよう。

今回のフクシマではずいぶん「想定外」ということが言われたが、本当にそうだったのか？　あの規模の地震や津波が起こりうることは学界でも言われていたし、国会でも質疑がなされていた。つまりア・プリオリに想定外じゃなくて、確率が低いから、想定外ということにしておこうとしたにすぎない。こともあろうに非常用ディーゼル発電機を高台に置かなかったなんて許されることでないし、事故後もデータ隠しが頻発している。それにしても東電、安全保安院、安全委員会、文部科学省等の連中が、誰ひとり刑事責任を問われないっておかしいと思わないか。

Aさん　そうですよねえ。なぜなんですか？

Hキョージュ　それこそ、あれだけの規模の原子力災害が現実に起きることを想定していなかったからだ。それが現実に起きた以上、これからも起きうるものとしての特別刑法「原子力規制法」をつくるべきだというのが、ウチの博士課程におられる竹内さん[注12]の修士論文での意見だ。現に公害の場合は「公害犯罪処罰法」[注13]という法律がある。

Aさん　そんな法律を適用するようなことがないよう祈りますけどね。

Hキョージュ　電力会社のなかでは原子力ムラ自体は多数派でない、だけど、電力会社や電事連が声高に再稼働を叫ぶのは、なにが起きても自分は罰せられることはないということもあるかもしれない。こういう法律があれば、少しは産業界からも、慎重さを引き出すことができるかもしれない。もっと言えば推進派の政治家も、刑事責任や賠償責任を問いたいけど、それはムリだろうな。

Aさん　刑事責任を問う場合、企業の担当者、責任者だけでなく、法人自体も処罰されるんですね。

Hキョージュ　うん、公害犯罪処罰法ではそうなっている。それと同じにすべきだろう。

Aさん　その法律は使えなかったんですか？

Hキョージュ　3・11までは、法律用語としての「公害」には原子力災害を含まなかったんだ。ま、今後は公害犯罪処罰法に原子力災害も含むとすればいいのかもしれないが、空間的・時間的にも他の公害事例とは比較にならない悲惨さを内包する原子力災害については、公害犯罪処罰法にない監督官庁の不作為や注意義務違反、データ隠しも罰せられるべきだろう。

再稼働のその前に③　原子力損害賠償のありかた見直し

Aさん　あと現実問題として、損害賠償の責任や範囲はどうなっているんですか？

注12　竹内元規「社会的リスクの責任論——福島原発事故に関わる法政策を事例として」。
注13　人の健康に係る公害犯罪の処罰に関する法律〈http://law.e-gov.go.jp/htmldata/S45/S45HO142.html〉。

Hキョージュ　そのための法律は一応ある。「原子力損害賠償法」[注14]というんだけど、そこではどうなっているかを見てみよう。原子力災害については原子力事業者の無過失無限責任としている。

Aさん　無過失無限責任ってどういう意味ですか？

Hキョージュ　原子力事業者、フクシマの場合だったら、東電だけど、東電が全責任を負うということだ。過失の有無を問わないし、限度を問わず、どこまでも事業者が負うということだ。

Aさん　ひぇ〜、それは厳しいんじゃないですか。

Hキョージュ　国策として原発を推進してきたから、それは過酷事故が起きないだろうという前提での建前というしかない。具体的には原発事業者は民間損保と1200億円を限度とする保険契約を結ばせている。

Aさん　たった1200億円ですか。

Hキョージュ　この法律ができたときは50億円だった。そもそも民間の保険会社は受けるのに難色を示したんだ。たとえば我々も火災保険に入ることは多いけど、原子力災害保険などというものはない。保険会社は万一の場合、保険金が支払えなくなるような保険制度はつくらないんだ。

Aさん　つまり純粋民間ベースでいけば、そもそも原発などできなかったんですね。

Hキョージュ　そこで政府が説得してつくらせたんだけど、それでも限度額は1200億円だし、それも通常の事故によるものに限定されていて、正常運転にともなう損害や、今回の地震、津波のような天災によるものは保険の対象外なんだ。

Aさん　な、なんですって！

Hキョージュ　そこでその場合は政府が1200億円を限度とする補償契約を結び、政府が賠償するようになっている。なおフクシマは、事故以後保険は更新されていない。4号機の事故を懸念したんだろう。保険会社が拒否したんだ。

Aさん　シビアですね。現行法では原発事故は起きても、最大１２００億円で収まるという、甘い想定をしていたんですか。

Hキョージュ　法律上では一応１２００億円を越す場合も想定していて、その場合は事業者が責任を負うが、政府は国会の議決を経て、事業者に援助するとなっている。でも具体的な定めはない。さらに異常な天災地変や社会的動乱にともなうものの場合は事業者を免責し、国が必要な措置を講じるとしているんだけど、それ以上は具体的には定めていない。つまり、キミが言う通り、１２００億円を越すような事故など起きっこないと思っていたんだろう。

Aさん　国と事業者との分担はあいまいなんですね。だから当初、東電の会長は異常な天災地変なので、東電に責任はないと言い張ったのですね。

注１４　原子力損害の賠償に関する法律〈http://law.e-gov.go.jp/htmldata/S36/S36HO147.html〉。

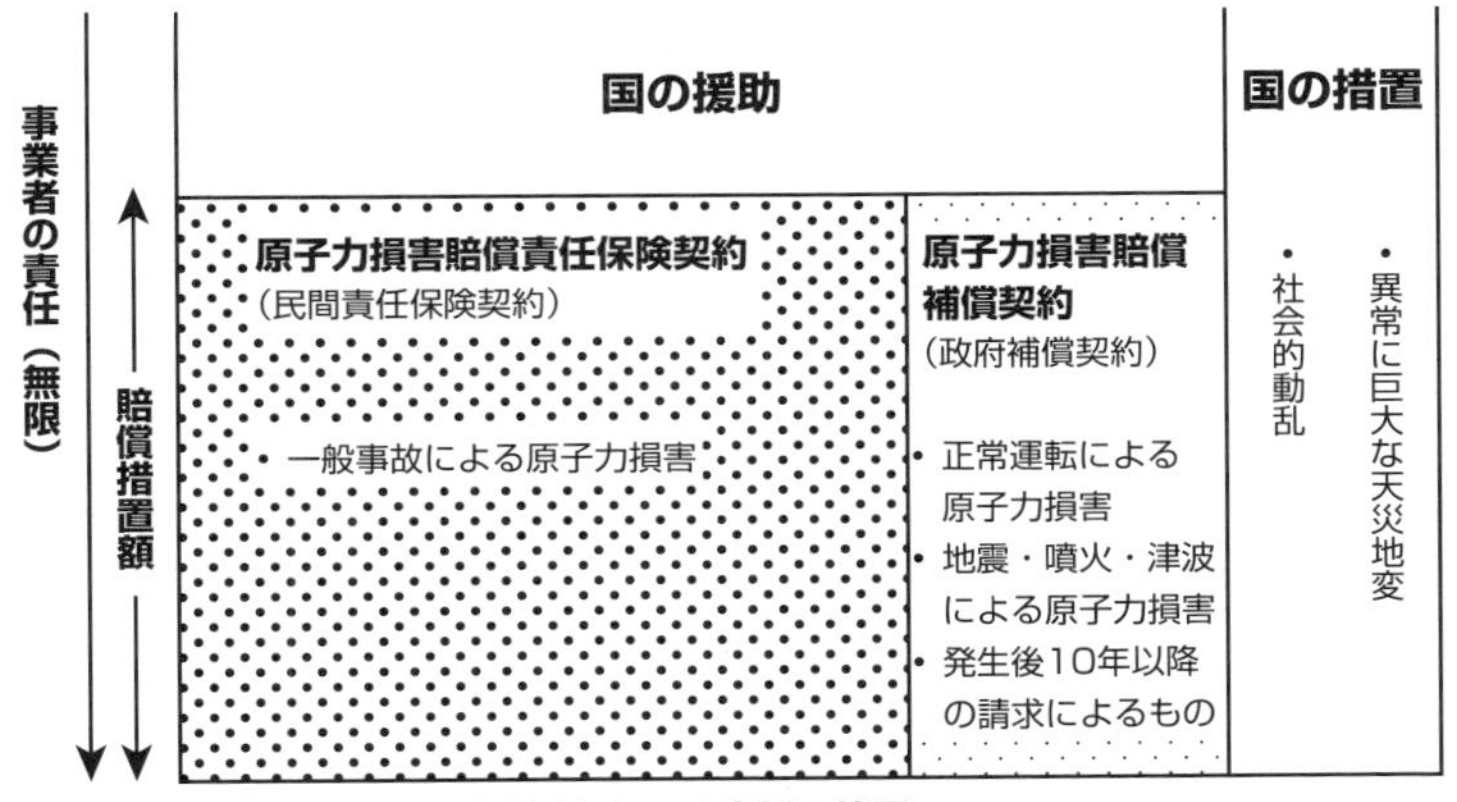

図２．原子力損害賠償法の仕組み図

注１）　賠償措置額は原子炉の運転等の内容により金額が異なる。

注２）　賠償責任の額が賠償措置額を超えたときは、国会の議決により国の援助が行われる。

注３）　原子力損害の賠償に関する法律上事業者が免責とされる損害（異常に巨大な天災地変。社会的動乱）については国が必要な措置を講ずる。

出典：高度情報科学技術研究機構ＨＰ

Hキョージュ だいたい無限責任たって、何十兆円も現実的に一原発事業者に払えるはずがない。だから今にいたるも混乱が生じている。でも現に起きた以上、これからも起きうるということを想定しなければならない。

Aさん ところでフクシマではどの程度の経済的損害が生じたのですか。

Hキョージュ フクシマを除く東日本大震災の直接的な経済的被害は、政府は16〜25兆円と想定していて、世界銀行は自然災害による経済的被害では史上最大としている。でもフクシマはそれよりも大きいものになりそうだ。

Aさん え？ そんなに？

Hキョージュ さっきふれた竹内さんが試算されていて、それによると除染費用、放射性廃棄物処理費用、自主避難者賠償費用、晩発性障害賠償費用、汚染水対策費用等々を除外しても、最低今後50年間の累積で約50兆円になる。ぼくの同僚だった朴先生が[注15]2005年に大飯でやった試算では、風の向きが最悪の場合、今後50年間の累積で279兆円、全方向の平均で62兆円と試算されている。

Aさん そんなの無限責任たって、一事業者には到底ムリですよね。

Hキョージュ うん、竹内さんの提言では、先に述べた「原子力規制法」をつくり、刑事責任を問えるようなものにするとともに、いっそのこと1兆円の有限責任として、そのぶん、事業者は米国のようにあらかじめ他電力会社と相互扶助のシステムをつくっておくべきだとされている。

表1. 原子力委員会データに基づく福島原発事故・廃炉までの50年間

項　目		計
廃炉費用	1〜4号機分9643億円 5・6号機分2000億円を追加	1兆1643億円
一過性の損害賠償		2兆6184億円
年度ごとに発生する損害	初年度分	1兆0246億円
同2年度以降	単年8972億円×49年間	43兆9628億円
		48兆7701億円

出典：竹内定規「社会的リスクの責任論 ── 福島原発事故に関わる法政策を事例として」

Aさん 損害額は何十兆円に及ぶんでしょう？ たった1兆円ですか？ じゃ、残りの損害はどうするんですか？

Hキョージュ 現在・過去の経営陣、株主、融資した銀行、それに原子炉メーカーにも責任をとらせるようにすれば2、3兆円までは可能かもしれないんじゃないかと思う。そうしたことを明記するだけで、さっき言った「原子力規制法」とあわせれば、産業界の単純な原発推進論にブレーキがかかると思うよ。現状では原子炉メーカーだって、PL法[注16]の適用除外で製造者責任を免れているんだもんな。これなんか即刻改めるべきだと思うよ。

Aさん それにしても、有限責任額以上の損害が出た場合はどうするんですか？

Hキョージュ 税金で処理することを明記するしかないだろう。それを国民が良しとするかどうかだ。ノーと言えば、脱原発を選択するしかないだろう。あと、立地自治体でも再稼働推進の動きが強まっている。立地自治体では財政上のメリットは大きい。だったら、損害賠償については、立地自治体以外の被害自治体を優先ということを明記すべきだと思うな。そうすれば立地自治体からの再稼働圧力も少しは弱まるんじゃないかな。

Aさん うーん、なるほどねえ。でもフクシマ以降、いろんな法律をつくったんじゃあないですか。

Hキョージュ 損害賠償、補償に関しては急場しのぎで原子力損害賠償支援機構[注17]をつくったりしているけど、大本の原子力損害賠償法にはまったく手をつけていないし、刑事責任を問えるようにするための「原子力規制法」をつくるつもりもないみたいだ。そんなんで、再稼働を認めていいのかと思っちゃうけどねえ。

注15　朴勝俊関西学院大学総合政策学部教授。
注16　製造物責任法〈http://law.e-gov.go.jp/htmldata/H06/H06HO085.html〉。
注17　大規模な原子力損害の発生の際、原子力事業者の損害賠償のために必要な資金の交付等で、原子力損害賠償の迅速で適切な実施と電気の安定供給等を図る組織〈http://www.ndf.go.jp/soshiki/kikou_gaiyou.html〉。

Aさん　政府与党や産業界、原子力ムラは、そういった法整備をという声に、どう対応するんでしょう。

Hキョージュ　まだ、誰も声をあげてないから、考えてもいないだろう。現実にそういう声があがり、その声が大きくなれば、「そんな起きる確率の低いことを対象とした法律はムダで不要だ」と言うんじゃないかな。でも起きる可能性が低いということは、反対する理由にならないと思うよ。だってフクシマの教訓の1つは「転ばぬ先の杖」を準備するってことだもん。

Aさん　センセイ、前から不思議に思っているんですが、「転ぶ先の杖」というのが本来じゃないんですか？

Hキョージュ　く、くだらん！

函館市、大間原発工事差し止め提訴

Aさん　センセイ、再稼働は鹿児島の九電川内原発が最優先で審査されていますが、夏前にゴーサインが出るかどうかは厳しいという見方もあるようですね。[注d]

Hキョージュ　うん、そんななか、建設中の青森県の大間原発の許可無効と工事中止を求めて、函館市が国と事業者を提訴した。司法がどういう判断を下すか、見てみたいね。

Aさん　函館市の主張はどういうものなんですか？

Hキョージュ　法律の大原則として、過去に遡及しないということがある。つまり、ある基準で許可されたものは、その後、基準が改正され、新たな基準に適合しなくなっても、違法ではない。

Aさん　建築基準法なんかでよくありますね。

Hキョージュ　ところが原発に限っては遡及されるんだ。つまり規制基準が強化されれば、既存原発も新たな規制基準に適合させなくちゃいけない。これをバックフィットという。3・11以前は行政指導でそれをやらせることにしていたが、なあなあの原子カムラだから、一向に進まなかった。3・11のあと、それを法定化した（2013・冬　その2）。

Aさん　あ、そうか。だったら古い基準で許可したものは無効じゃないかということですね。

Hキョージュ　既存の原発でバックフィットが義務化されたとしても、原発の許可自体は無効とは法で明記してないから、有効で工事を進められるというのが、国や事業者の主張だ。

Aさん　センセイはどう思われます。

Hキョージュ　法で明記してないから有効だというのは、いただけないね。そういうのを法匪（ほうひ）というんだ。論理的にいえば函館市のいうとおりだ。あと重要な論点は、函館市に提訴できる権限があるかだ。3・11以前だったら、「当事者適格を欠く」として門前払いの可能性もあった。

Aさん　どうしてですか？

Hキョージュ　「過酷事故は起きない、どんな重大な事故でもせいぜい8キロメートル以内の避難でたりる」というのが3・11以前の想定。だから、原発立地に発言権があるのは立地市町村と立地都道府県だけだし、交付金等のアメダマもそれに限定されていた。つまり、「無関係な奴にはそもそも訴える資格がない」とされる可能性もたぶんにあった。

Aさん　そうか。3・11以降、避難計画は30キロメートルまでたてることになったんですね。

Hキョージュ　函館市は、大間原発から海を挟んだ最短23キロメートルにある。「何のメリットもないのに、避難計画は市の責任でつくらなきゃいけない。そのくせ何の発言権もないのはおかしい」というのが、函館市の言い分。

Aさん　センセイはどう思われます。

Hキョージュ　もっともだと思う。ボクは脱原発論者だけど、少なくとも再稼働を言うのであれば、実効性のある避難計画をつくること、そしてさっき話した通り、損害賠償の上限想定1200億円などという、バカげた現行法を改正することが最低要件だと思うよ。避難計画に関しては、その作成が再稼働の前提にもなってないし、その実効性の有無を誰も審査しない。あまりにもデタラメすぎる。

Aさん　そうですね。安全性の確認された原発から再稼働するって言ってますけど、3・11以前にはフクシマの安全性も確認されていたはずですもんね。

Hキョージュ　水俣病問題では、先日も国敗訴の判決が熊本地裁であった。じつは公害に関しては、60年代には司法が立法、行政を牽引した面があるんだ。

Aさん　それがこと原発に関しては、国を追認するような判決ばかりでしたもんね。3・11で、司法が変わったかどうかの試金石と言えるかもしれませんね。[注e]

注d　2014年7月、規制委員会は新基準に適合という審査書案を出し、パブコメを経て、8月に確定（2014夏・その2）。

注e　2014年5月、大飯原発再稼働を差し止めるという福井地裁の画期的な判決が出されている。被告の関西電力は直ちに控訴し、係争中（2014夏・その3）。

3　クジラ論　捕るべきか、捕らざるべきか、それが問題だ

国際捕鯨取締条約とは

Hキョージュ　ところで大間はマグロのあがる漁港として有名な町なんだ。マグロやウナギの資源枯渇が懸念されているが、今日はクジラについて考えてみよう（第15講その2、第86講その3）。

Aさん　そうか。先日、国際司法裁判所で日本の南極海における調査捕鯨の中止命令が出ましたもんね。

Hキョージュ　実は純粋な法理論からは日本に分（ぶ）があった。国際捕鯨取締条約[注18]で殺処分をともなう調査捕鯨は認められている。

Aさん　えー、そうなんですか。じゃあ、なんで……。

Hキョージュ　「何百頭も殺し、その肉を販売しておいて『調査捕鯨』というのはおかしいじゃないか」という、鯨食文化を持たない大多数の国の素朴な世論に抗しきれなかったということだろう。

Aさん　……。

Hキョージュ　クジラというのはクジラ目に属する80くらいの生物種の総称だ。クジラ目は歯のあるハクジラと歯のないヒゲクジラに大別される。なおイルカというのはハクジラのなかの小型の種類をいう。「〇〇クジラ」という和名がつくのは30種程度だ。

注18　日本捕鯨協会ＨＰ「国際捕鯨取締条約」〈http://www.whaling.jp/icrw.html〉。

Aさん　国際捕鯨取締条約はその全部を対象としているんですか。

Hキョージュ　いや、大型の13種だけを対象としている。ちょっと捕鯨の歴史を振り返ってみよう。
欧米諸国は江戸時代頃から第2次大戦前後まで、鯨油採取を目的とした遠洋捕鯨を行っていた。日本も明治末期には遠洋捕鯨を行うようになった。乱獲から資源枯渇が生じ、昭和に入ってからは、資源調整の協定等も結ばれた。それが1946年の国際捕鯨取締条約だとか、それに基づく1948年の国際捕鯨委員会[注19]（IWC）の創設につながっている。この条約の目的は「鯨類資源の保存と有効利用、捕鯨産業の秩序ある育成」の2つなんだ。

Aさん　「捕鯨産業の秩序ある育成」ですって？

Hキョージュ　うん、ところが、その後、鯨油代替品が普及し、鯨油の需要は激減、鯨食文化を持たない多くの国が捕鯨から撤退した。一方、日本は遠洋捕鯨を続けた。日本は昔っから鯨食が盛んなんだ。ボクも小学校の給食ではクジラの大和煮のカンヅメをずいぶん食べさせられたよ。

Aさん　昔、捕鯨していた諸外国は、鯨油をとったあとはどうしていたんですか？

Hキョージュ　みな捨てていた。当時は冷凍技術もなく、鯨食文化も廃っていた。一方、日本では沿岸捕鯨で得たクジラは余すところなく利用しつくした。各地に鯨墓や鯨塚があり、クジラに感謝の念を抱いていたんだね。

Aさん　諸外国が捕鯨から撤退した頃から、捕鯨撤退国やもともとの非捕鯨国では、「クジラのような知能の高い動物を殺すべきでない」という認識が広まってきたんですね。

Hキョージュ　うん、乱獲で資源枯渇の恐れがあったのも事実だが、欧米的な動物愛護論が強くなってきたのも事実だ。70年代に入ると、非捕鯨国がどんどんIWCに入ってきている。ただ条約の目的からして、動物愛護の観点からの捕鯨反対を公言するわけにはいかない。

注19　鯨資源の保存及び利用、鯨及び捕鯨に関する研究及び調査の勧告と組織、鯨類の現状、傾向、これらに対する捕鯨活動の影響に関する統計的資料の分析等を目的に設立〈http://www.mofa.go.jp/mofaj/gaiko/whale/iwc.html〉。

表2.　捕鯨関係年表

9世紀	ヨーロッパで捕鯨開始
12世紀	日本で捕鯨開始
16～19世紀	欧米では鯨油採取のための遠洋捕鯨。 小笠原に最初に定住したのは、捕鯨船への補給のための欧米人。 ペリー来航の目的の１つは捕鯨船への水・食料補給を求めたもの。
20世紀初頭	日本も遠洋捕鯨開始。資源枯渇顕著に。
1931	第１回国際捕鯨協定
1946	国際捕鯨取締条約締結。日本、南極海捕鯨開始。
1948	国際捕鯨委員会（IWC）設立（日本、1951加盟）。
～1960年代	鯨油代替品普及により、多くの国で捕鯨撤退。
1963	南極海ザトウ鯨捕鯨禁止。以降、再三鯨種・海域を限定しての捕鯨禁止が決まる。
1972	国連人間環境会議で商業捕鯨10年間停止勧告採択。IWCは拒否。以降、非捕鯨国が続々IWC加盟。日本、ミンク鯨捕鯨開始。
1982	IWC、商業捕鯨モラトリアム採択（1986より実施）。
1987	日本、商業捕鯨を停止し、南極海で調査捕鯨開始。
1994	日本、北大西洋でも調査捕鯨開始。
2005	日本、第二期南極海調査捕鯨開始。
2010	オーストラリア、日本の南極調査捕鯨中止を求めて国際司法裁判所に提訴。
2014	国際司法裁判所、日本の南極海調査捕鯨の中止命令。

clipart by illpop.com

Aさん　だから、資源が増えているかどうか、いったん商業捕鯨を停止して調査すべきだ、と言い出したんですね。

Hキョージュ　うん、で、ついにＩＷＣも反捕鯨派が多数を制し、１９８２年に商業捕鯨の一時停止、モラトリアムを決めた。ただし、日本等の捕鯨国を宥めるためにも、「調査捕鯨」を容認したんだ。当初は１９９０年までと言ってたんだが、多数派の反捕鯨国はもっと調査が必要と言い、今日にいたるもずうっとモラトリアムが続いている。日本は調査捕鯨を拡大するとともに、商業捕鯨再開を目指してＯＤＡを活用する等して、非捕鯨国を引き込んで政治的に動いている。ＩＷＣは捕鯨容認派と捕鯨反対派とでまっぷたつに分かれ、機能不全に陥っている。

Aさん　現在捕鯨しているのはどういう国なんですか？

Hキョージュ　米国、ロシア等で一部先住民族に「先住民生存捕鯨」が認められている。ノルウェーとアイスランドは条約の盲点をついて商業捕鯨を再開。日本だけが調査捕鯨という名目で捕鯨している。他にはＩＷＣ管理外の小型鯨類対象捕鯨が日本等数カ国。捕獲計画頭数では日本がダントツ。

クジラは減っているのか、増えているのか？

Aさん　クジラはそもそも減っているんですか、増えているんですか？

Hキョージュ　今日では一部の種類を除いて増加傾向にある、というのが多くの生物学者の見解だ。

Aさん　じゃあ、条約の目的からして、増加分を捕ってもいいということにならないんですか。だいたい非捕鯨国がＩＷＣに入ること自体おかしいんじゃないですか。

Hキョージュ　そりゃそうなんだが、条約制定当時と今とでは時代が大きく変わっている。たとえば、殺処分をともなう動物実験で、サルを使うのは当時の常識だった。でも今はそんなことは許されない。それと同じだ。今の時代は、種を絶滅させさせなきゃ、何でもどんどん捕って食べていいということにはならない。食文化と食習慣、動物愛護、生命倫理、宗教、いろんな問題がからんでいる。「動物の解放」だとか「動物の権利」「動物の福祉」等ということも、言われてきているぐらいだ。ボク自身もネコを飼っているけど、ペットというよりは家族だと思っちゃうものなあ。

Aさん　ハイハイ、それはそうとして、今後ですが、日本は北西太平洋での調査捕鯨は続けるとしています。

Hキョージュ　国際世論の動向を考えれば、公海での殺処分をともなう調査捕鯨は中止したほうがいいと思うよ。鯨肉の需要も減っている。限定された形での沿岸捕鯨再開を訴えるとともに、条約対象外小型鯨類の捕鯨を続けるのが、当面の対応策にしたほうがいいんじゃないかな。

Aさん　センセイは捕鯨や鯨食自体は賛成なんですか。

Hキョージュ　うーん、そこはちょっと複雑でね。酢ミソで食べるオバケ（尾）の味は忘れられない。人間はいずれにしても他の動植物を食べないと生きていけないよね。だから牛や豚同様、クジラを食べること自体は否定できない。絶滅の恐れがないのに、クジラだけを守るのは差別だという言い方も不可能ではない。ただ、捕鯨に抵抗感を感じている自分がいることも確かだ。今の時代、わざわざクジラを食べなくても生きていけるし、沿岸捕鯨よりホエールウォッチングを「なりわい」とするほうが、国際関係からはいいかもしれない。

Aさん　どっちなんですか！

Hキョージュ　そう目クジラを立てるなよ（笑——自分だけ）。人間はスポーツとしての狩猟だとか釣りを楽しんだり、戦争で大量虐殺を引き起こしたり、他の生物には考えられない、生存の目的には不必要な残酷なことをする。そのくせ、愛情だとか哀れみだとか悲しみだとか、生物に不要な過剰な感情も持ってしまった（ひとり呟く）。

Aさん　捕鯨の是非はともかくとして、無用の殺生を避けること、避けられない場合も苦痛をできるだけ小さいものにすること、そして殺される動物への悼みと感謝は忘れちゃいけないですよね。

4　「美ら海（チュラウミ）」に新たな国立公園誕生！

国立公園の基礎知識　営造物と地域制

Hキョージュ　そうそう、3月5日、サンゴの日に、沖縄に「慶良間諸島国立公園」が誕生した。釧路湿原から27年ぶり、31番目の新たな国立公園だ。

Aさん　27年ぶり？　屋久島国立公園だとか尾瀬国立公園だとかあったじゃないですか。それに昨年は三陸復興国立公園が誕生しました。

Hキョージュ　あれらはすべて既存の国立公園の再編だ。慶良間諸島は新規に国立公園になったんだ。
　そうだ、今日のメインテーマは国立公園と海域公園地区[注20]（第75講その3）といこう。まずは国立公園の基礎的な話をしておこう（第7講その3）。自然公園法[注21]という法律がある。すぐれた自然の風景地を保護し、その保護された風景地を国民の利用に供するためにつくられた法律だ。それに基づいて国立公園、国定公園そして都道府県立自然公園という3種類の自然公園が指定されている。仕組みはみな同じだ。

Aさん　国立公園が一番格上なんですね。

Hキョージュ　まあ、そうだ。「我が国の風景を代表するに足りる傑出した自然の風景地」と定義されていて、国自らが指定し、公園計画を策定し、それに基づいて管理している。国立公園は世界どこの国にもあるが、よく知られているアメリカやカナダの場合、それは国有の公園専用地で、国立公園当局が管理している。土地所有権に基づいて管理しているわけで、これを営造物公園と呼んでいる。

Aさん　日本は違うんですか？

Hキョージュ　前回、尾瀬は東電が所有していると言っただろう？　日本の自然公園システムは土地所有権に基づいて指定管理するのでなく、自然公園という公益の実現のために、法律に基づいて、土地所有者の同意を得ることが義務とされておらず指定されているもので、地域制公園と呼んでいる。日本だけでなくヨーロッパやアジア等人口密度の高い国々にはこのタイプの国立公園が多いんだ。

Aさん　保護のための規制をしているそうですが、そのわりに派手な自然破壊というか、開発を容認したところもあるんじゃないですか。

Hキョージュ　自然公園の土地所有をみると、国有地、公有地、民有地といろいろある。国立公園では約4分の1が民有地で、国有地は6割。自然公園法には財産権尊重規定があり、民有地の場合、規制により被る損害の補償規定もあって強権的な規制はムリなんだ。

Aさん　そうなんですか……。

Hキョージュ　日本では農林漁業など他の産業と共存することが前提となっている。また、国有地でも環境省が所有する土地は国立公園全体の0・3パーセントにすぎない。国有地のほとんどが林業経営をやっている国有林で、

注20　海中・海上を含む海域の景観や生物多様性を保全するため国立・国定公園内に指定される保護区（ＥＩＣネット環境用語集「海域公園地区」）。

注21　国立公園法（１９３１）を抜本的に改正、１９５７年に制定（ＥＩＣネット環境用語集「自然公園法」）。

公有地もほとんど公有林だ。さらに自然公園法には国土開発等他の公益との調整規定もある。だから特別保護地区や第1種特別地域等という限定された地域以外では、厳格な保護自体は極めてむずかしいんだ。しかも国民の利用に供するという大義名分のもとでは、観光開発を規制することも容易ではなかった。

Aさん　まあ、それでも一応は規制するわけですから、指定には抵抗があったんじゃないですか。

Hキョージュ　高度経済成長とともに、農山村部は寂れていった。一部の地域は観光開発に活路を見出し、その看板として自然公園に指定してくれという自治体や地域からの陳情が後を絶たなかった。駐車場だとかの施設整備もしてくれるという実益もあったから、多少の規制は受け入れてもいいと考えたんだろう。

Aさん　へえ、意外……。

Hキョージュ　その結果、実に国土の14パーセントが自然公園地域になっている。もっとも行き過ぎた観光開発にともなう自然破壊があったのも事実で、1970年前後から核心部での規制は厳しくなった。それからは指定の陳情は激減した。一番厳しい規制ができる特別保護地区等は、実際問題、ほとんどが国公有地なんだけど、それが国土の2パーセント。一方、米国の国立公園面積も国土の2パーセント。だから、日本のシステムは米国のシステムに、ある程度の土地利用の規制ができる地域をその6倍オンしたという見方も可能だ。

国立公園の管理とは？

Aさん　管理はどうなっているんですか？

Hキョージュ　ごくわずかの環境省の所有地以外では、土地管理は行わない、というか行えない。自然公園法にはそもそも「管理」というコトバは出てこないが、自然公園の管理とは、公園計画の策定と進行管理ということになるだろう。米国では1つの国立公園に何十人かのレンジャー[注22]がいて、火災から遭難、土地管理まで一切を担当している。入場料も取っているし、レンジャーの数は2万人近いそうだ。

一方、日本では国立公園というのは土地の属性の1つにすぎない。火事が起きれば消防、遭難が起きれば警察の出番、土地管理は所有者――ということもあって、レンジャー（国立公園管理員）の数は日本全体でボクが入ったころは55人、今では名称も「自然保護官」となり、国立公園だけでなくイリオモテヤマネコ等の希少野生動植物を守るためにも配置されている等、画期的に増えたんだが、それでも正規メンバーは260人そこそこだ。一番の仕事は許認可指導。許可できないような申請は不許可にするんじゃなく、できるだけ許可できるような中身に変更するよう指導してきた。

Aさん　それって悪名高い「行政指導」じゃないんですか。

Hキョージュ　うーん、でも仕方がないと思うよ。ボクが現役のときは、県や市町村がずいぶんサポートしてくれた。許認可の申請書も県経由で環境庁に上げる仕組みだったし、一部は県知事の権限だった。また施設整備は大半県への補助金だった。つまり環境庁と県とで共同管理していたと言ってもいいだろう。

地方分権と国立公園

Hキョージュ　ところが地方分権が騒がれたころから、国立公園は国で全部やってくれという県が出始めて、書類の県経由や、県知事権限の許可は廃止、施設整備の補助金もなくなり、今では多くの県は国立公園管理から手を引いちゃったんだ（第23講その3）。

注22　環境省の国立公園管理担当者である自然保護官（ＥＩＣネット環境用語集「レンジャー」）。

Aさん　センセイはどう思われますか？

Hキョージュ　ボクは地方分権にまったく異存はないが、そのことと国立公園管理から手を引くこととは別だと思う。国立公園が「我が国の風景を代表する……自然の風景地」ということは、地域住民の誇りでもあるし、地域の重要な観光資源でもある。公有地や民有地がいっぱいあり、他産業との共存を前提とする国立公園の管理に、地元自治体が関与しないほうがおかしい。

　ボクに言わせれば、日本の国立公園の場合、国というのはNationやStateではなく、「くに」Countryつまりさまざまなステークホルダーがみんなでつくっていく公園だと思うよ。そしてレンジャーというのは、いわゆるナチュラリストとはまったく別で、ボク自身はその公園づくりのコーディネーターだと思っているんだけどね。

海域保護の強化に向けて

Hキョージュ　ところで日本の自然公園は基本、陸域しか考えていなかったんだ。

Aさん　え？　おかしいんじゃないですか。海は国立公園には入ってはいないんですか？

Hキョージュ　一応は入っているけど、ほとんどが「普通地域」という扱いなんだ。普通地域では、埋立等の大きな開発のときに、届出をするだけでいいんだ。

Aさん　そんなバカな……。

Hキョージュ　漁業を担当する農水省や、港湾を管理する国土交通省等、他省庁の抵抗があまりに強く突破できなかったんだ。厚生省時代から、海をなんとかマトモな国立公園区域にしたいというのが、レンジャーたちの悲願だった。欧米では河口域や藻場干潟サンゴ礁等の浅海域は、Estuaryといって生態系維持のため重視してい

表３．自然公園法に基づく公園計画の種類

	利用面	保護面
規制計画	利用規制計画 ・マイカー規制	保護規制計画 ・特別保護地区 ・特別地域（第１種～第３種） ・普通地域（大規模開発要届出） ・海域公園地区 ・利用調整地区（普通地域以外で設定されうる、立入制限可能な法定の地区）
事業計画	利用施設計画 ・集団施設地区（利用拠点として整備） ・環境省が自ら整備しうるもの（野営場、駐車場、歩道等） ・他省庁、自治体の公的整備に期待するもの（道路法道路等） ・民間の整備に期待するもの（ホテル・旅館、運輸施設等）	保護施設計画 ・植生復元施設 ・自然再生施設 生態系維持回復計画 ・生態系維持回復事業

注）　普通地域以外は要許可行為と許可基準が定められており、特別保護地区、第一種特別地区、海域公園地区ではほとんどの行為が原則不許可とされている。

るんだもの。

Aさん　海中公園って聞いたことがありますが。

Hキョージュ　海中公園をつくる世界的な動きに便乗してやっとできたんだ。1970年のことだ。「海中公園地区」という、厳しい規制が海でもできる制度なんだが、残念ながらそれはほとんどが数ヘクタールから数十ヘクタールの、狭い「点」のようなものだった。2012年までは82地区で計4000ヘクタールしかなかった。それから約40年、生物多様性保全という国際的な流れのなかで、海中公園地区を「点」でなく「面」にしようという試みが、2007年の西表国立公園を拡張して西表石垣国立公園にしたころから開始された。

一方、その間の2010年、法改正が行われ、「海域公園地区」という制度ができ、従来の海中公園地区はそのまま海域公園地区に模様替えした。2012年の西表石垣国立公園の公園計画見直しで、海域公園地区は7、600ヘクタール以上一気に増加した。

海域公園地区と慶良間諸島国立公園

Aさん　そうか、そして海域公園地区を中心にした国立公園の第1号が「慶良間諸島国立公園」なんですね。

Hキョージュ　うん、陸域は従前の沖縄海岸国定公園の慶良間諸島部分をそのまま引き継いで、面積は3520ヘクタール。特徴的なのは海域部分だ。沖合7キロまで公園区域として、その総面積は9万ヘクタールを越している。そして厳しい規制がかかる海域公園地区として、高密度なサンゴが見られる30メートル以浅の海域をすべて指定していて、8290ヘクタールに及ぶ。

既存の海域公園地区は国立公園、国定公園を合わせて104地区で計1万7824ヘクタールだったから、いかに広大な海域公園地区が誕生したかがわかるだろう。またオニヒトデからサンゴの食害を防ぐための「自然再生施設」を計画するとしている。

Aさん 新たな海域公園地区のモデルとして、どんどん他の国立公園や国定公園でもそうなっていけばいいですね。

Hキョージュ それはそうなんだけど、人口減少時代になったんだから、サンゴ礁や藻場・干潟、自然海岸の前面海域等は、自然公園であろうがなかろうが、原則改変禁止を打ち出すべきだと思うよ。もともと国有で、私権との調整も不要なんだから。あと先ほど、クジラの話をしたが、ホエールウォッチングの助成策等も、自然公園行政で検討してもいいんじゃないかな。

Aさん 慶良間諸島国立公園ですが、環境省が目指している「奄美琉球」の世界自然遺産登録とも関わっているんじゃないですか（2013・夏その2）。

Hキョージュ お、ご明察。登録のために沖縄本島北部の「やんばる」や、奄美群島国定公園の国立公園化も平行して作業中だが、難航しているようだ。

Aさん 早く世界遺産に登録されるといいですね。でも最後に明るい話題で、よかったですね。

Hキョージュ 同じ「美ら海」でも、泡瀬干潟[注23]（第71講その2、第92講その1、その2）のように台無しになったものもある、そして安倍サンの暴走で辺野古（第21講その1、第91講その1）の美しい海も風前の灯になっていることを忘れちゃならない。（完）

（2014年5月6日）

注23　沖縄市にある西南諸島最大の干潟である泡瀬干潟のこと。埋立計画があり、反対運動が起きていた。民主党政権はいったん白紙撤回を決めるも、地元の民主党系の首長も議員も埋立推進を表明、結局埋立免許がおり、着工した。

第2章　衝撃のデビュー時評

H教授の環境行政時評　第1講

２００３年1月9日にアップされた第1講は、ＥＩＣ始まって以来の反応があり、１００通以上の好意的な便りがＥＩＣ事務局に寄せられたそうです。この衝撃のデビュー作を再録します。もちろんネット上で今も見られます。

「環境行政２００２年の総括と２００３年の展望」

プロローグ

Aさん　センセイ、明けましておめでとう！

H教授　やあ、オメデトウというか、あいかわらずオメデタイね。

Aさん　は？

H教授　キミの卒業論文だけど、あれで卒業できると思ってるんだもん。

Aさん　センセイ、もう読んだんですか。じゃ、どこを直せばいいか言ってください！

H教授　そうとんがるなよ。からかってみただけだ。いやあ、これがキョージュの特権。快感、快感。

Aさん　ヒッドーイ。もうセンセイの顔見るのもいやだわ。（小さく）前からそうだったけど。

H教授　怒るな、怒るな。この会話は全国区だからな。今年からE－Cネットに掲載してくれるんだって。

Aさん　えー、やめてよ。そりゃ、いままでは九州のはじっこだからって目を瞑（つむ）ってたけど、こんなお粗末なセンセイについているのが日本全国でわかると、ワタシまで常識を疑われるじゃない。[注24] お嫁に行けなくなっちゃうよ（泣き出す）。

H教授　おいおい、まるでセクハラキョージュみたいな言われ方だな。ぼくはキミには指1本触れてないぞ。ぼくにだって選ぶ権利があるんだ。

Aさん　（ウソ泣きをやめて）だって、センセイは存在そのものがセクハラだもんってみんな言ってたよ。（間をおいて）冗談、冗談（笑）。

H教授　やれやれ、目には目を、冗談には冗談をか、顔だけかと思ったら口までヒドイ学生を持ったもんだ。

Aさん　お互いさまですようだ。さあ、こんなことで貴重な誌面を使っちゃ申し訳ないよ。あ、誌面じゃないよね、これはネットか、じゃなんていえばいいんだろう……（悩む）。

H教授　どうでもいいけど、せめて教師には敬語くらいは使えよ。礼儀を知らないって笑いものになるぞ。

Aさん　だって、尊敬できないんだもん。あ、また、言っちゃった、じゃない、言っちゃいました。ハハ、ワタシってホント正直ですよねえ。

H教授　うるさい、さあ、始めるぞ。第1回は2002年の総括をやることにしよう。

Aさん　脱線しないようにね。イラクや北朝鮮の問題で、ブッシュ大統領や小泉総理の悪口を言ったりするのは控えてくださいよ。全国区なんですから。

H教授　わかったよ。環境行政に話を絞るよ。でも、それに関連することならブッシュであろうがコイズミであろうが、きちんと批判はさせてもらうよ。役人上がりにも硬骨漢（こうこつかん）がいるということを見せなくちゃ。

Aさん　はいはい、センセイが「恍惚のヒト」だってのはよくわかってます。

H教授　（気づいていない）そうか、キミもわかってくれてたのか。オーイオイオイ（感激のあまり泣き出す）。

1　キョージュ、温暖化対策を論じて暑く、もとい、熱くなる

Aさん　まったく単純なんだから。さあ、始めましょう。やっぱり去年の最大の成果は温暖化対策の進展じゃないですか。おととし秋のCOP7で京都議定書の実施にかかるルールが確定されましたけど、批准・発効がなされるかどうかは、かなり覚束ないところがありましたよね。でも去年は飛躍的な成果がありました。日本でも京都議定書を睨んでの温暖化対策大綱が閣議決定され、温暖化対策法も改正、そして京都議定書自体も国会で批准されましたよね。EU等も同じ頃批准。カナダやロシアも今年中には批准することを表明しましたから、これで京都議定書の発効要件クリアーは確実。

それに世界第2位の炭酸ガス排出大国の中国も批准の表明をしましたしね。残念ながら米国は京都議定書復

注24　『南九研時報』からEICネットに移ったことをさす（第6章1節、2節を参照）。

帰はならなかったけど、昨年3月には独自の温暖化対策の発表も行い、炭酸ガス排出抑制に本格的に取り組むことになったじゃないですか。8月末から9月までのヨハネサミットでも政治宣言、実施計画が出されたけど、そのなかでも温暖化対策の推進が謳われ、秋のCOP8でもデリー宣言を出す等、ほんとうに昨年は温暖化対策元年と言っていいんじゃないですか。

H教授　単純なのはキミのほうだよ。たしかに京都議定書はスタートに向けて大きく前進したけれど、米国抜きの京都議定書がどれだけ意味あるものになるかだよね。もし、米国が経済でもひとり勝ちしたら、脱落するところが続出しないとも限らない。

Aさん　だって、米国だって独自の対策をとるって宣言したじゃないですか。

H教授　そう、10年後にはGDP当たりの炭酸ガス排出を18パーセントカットするそうだ。

Aさん　すごいじゃない。えーと京都議定書では米国は7パーセントカットだったんでしょ。

H教授　GDP当たりだといっただろう。そのGDPは毎年3パーセント増大するそうだ。そうすると10年後には90年比で7パーセントカットどころか、35パーセントアップになるんだぜ。これのどこが新たな対策なんだ。だいたいGDP当たりの排出量は、日本は米国の3分の1だ。たった18パーセントカットなんてちゃんちゃらおかしい。

Aさん　なるほどセンセイの血圧が上がるわけよね。で、米国を京都議定書に復帰させるために、米国の言い分をそのなかにいれるべきだというんですか。

H教授　冗談じゃないよ。現在の京都議定書は先進国全体で90年比5・2パーセントの削減しかやらないんだ。一方、IPCCでは温暖化ガスの安定化のためには、いまただちに化石燃料使用を6割カットしなければいけないと言ってるんだぜ。その程度の削減ですら容易でないからと称して、日米は柔軟性措置と称するさまざまな抜け道を主張、COP3でいわゆる京都メカニズムが定められた。その京都メカニズムの細目をめぐって以降、ずうっと日米とEUが対立。米国が離脱宣言したあとも、日本は従来の主張をそのまま繰り返し、ついにその言い分を飲ませたんだ。これ以上米国の言い分を取り入れるなんて、泥棒に追い銭だよ。

Aさん　じゃ、どうすればいいんですか？

H教授　ヨハネサミットで国務長官のパウエルがブーイングされたろう？　ああいうふうに国連でもWTOの場でも、米国を道義的に孤立させればいいんだ。だいたい日本なんて米国の最大の債権国なんだから、へいこらする必要なんてまるでないよ。

Aさん　センセイ、そりゃあまりにもリアルポリティックスに無知すぎますよ。環境問題だけで国際政治は動いてるんじゃないですから。

H教授　わかってるよ。でも、そのくらいは言いたくなるじゃないか。……（以下、テロについて、教授延々と語る）……。

Aさん　センセイ、センセイ。日本の温暖化対策に話を戻しましょう。温暖化対策大綱を決めたり、温暖化対策法を改正したりして、着々と進んでいるように見えるんですけど、実際はどうなんですか？

H教授　産業、民生、運輸各分野ごとに削減率を定めたり、そのメニューを打ち出したね。つい先日ガソリンに植物系エタノールを混合させるなんて方向も打ち出しているけど、正直言って90年比6パーセント削減に向けての担保がまるでないよねえ。やっぱり炭素税の導入しかないんじゃないかな。炭酸ガスの排出が依然増えている民生や運輸部門だって、そういう経済的誘導措置の工夫次第で低減は可能だと思うよ。

そうしたほうが得で、楽しいような社会システムにすりゃいいんだ。それこそがコーゾーカイカクなんだと思うよ。

Aさん でも、国際競争に負けるからって通産省、あ、いま経産省か、とか産業界が猛反対で、環境省は力が弱いからできないんでしょう?

H教授 そうでもないと思うよ。各省にしたって産業界にしたって、表向きは反対しているけど、そうなったときの準備は水面下で猛烈にしてると思うな。

Aさん えー、なんで、なんで?

H教授 EUは第1コミットメント期[注25]には、たぶん90年比8パーセント削減はできると思う。また、それだけの成算があったから、COP3のとき15パーセントカットなんて言い出したんだ。2010年ごろにはブッシュは史上最低の大統領だったって悪名だけを残して、とっくに表舞台から姿を消してるにちがいないし[注f]。

Aさん センセイ、センセイ。自信持って言う、その根拠はなんですか。

H教授 因果応報。奢れる平家は久しからずって言うじゃないか。

Aさん (がっかりして)諺だけが根拠なんですか。やっぱりセンセイって恍惚の人だ。

H教授 (きっぱり)やまなかった雨はない、明けなかった夜はない。

Aさん (小さく)ほんと、ノーテンキなんだから。

H教授 で、続きなんだけど、日本だけが国際公約を守れないとなれば、世界のつまはじきになるから、どんな反対しようが、炭素税導入は必至だとみてるにちがいない[注g]。だから、今からそうなったときの生き残り策を練ってるよ。その証拠にいきなり経産省がエネルギー特別会計を見直し、非課税だった石炭に課税したり、天然ガスの税率を上げたりし、増税分の半分は環境省が使えって言ってきて、環境省は目をシロクロした。つまり環境省の先手を打ってきた。経団連も表向き反対はしても徹底抗戦の姿勢はみえない。

こういうケースは他にも出てくるよ。たとえば建設省、今の国土交通省だって、脱ダムの模索を始めたし、自然再生事業にも積極的だ。林野庁だって緑の公共事業、つまり森林の保全再生のための雇用事業にも積極的になってきている。もちろん直接の目的・意図は別にあるんだろうけど、生物多様性というもう1つのキーワードをうまく利用しているよね。今後とも、環境省にイニシアチブを持たせないため、先手先手と打ってくると思うよ。

注f　これは、おおむね的中。

注g　難航したが、2013年度税制改正で、「地球温暖化対策税」が創設。2014年10月から3段階、3年半をかけて段階的に施行されることになっている。

注25　第1約束期間ともいう。京都議定書の目標年次のこと。2008~2012年の5カ年平均で評価される。

2 ズッコケOBが語る環境省論

Aさん つまり環境の時代は始まったけど、環境省の時代は来ないと。

H教授 お、いいこと言うねえ。ザブトン1枚！

Aさん でもちょっと悔しいでしょう。

H教授 そんなことないよ。どっか1つぐらい、自分の省のことより環境のことを考える役所があったっていいじゃないか。環境省の権限は増えないかもしれないが、権威は増大するのは間違いないから、それでよしとしなけりゃ。

Aさん そんなこと言えるのも退職しちゃったからでしょう。

H教授 ばれたか（笑）。でもねえ、各省にしたっていつでもその方向に向ける準備をしてるってパフォーマンスのためのいわばショーウィンドウ予算をぶちあげてるだけで、たとえば年末に決まった政府予算案にしたって、額そのものは依然として圧倒的に従来型、つまりハードというかハコモノ予算だよ。環境省にしたって、国立公園関係で言えば施設整備関係が圧倒的で、NGOやボランティアと一緒に公園を管理しよう、なんて予算はほんと微々たるものなんだから。でもねえ、日本は770兆円に及ぶ借金を未来の世代にしてるんだ。[注h] ハコモノを1割にして、浮いた予算の半分をこういうソフト予算にあて、残りを借金返済していくぐらいにならないと、ホンモノの環境の時代とはいえないと思うな。

Aさん だって、そんなことしたらゼネコンなんて全部潰れちゃって、大失業時代になっちゃうんじゃないですか。

H教授 そうすると都会を離れて田舎に帰り、緑の公共事業予算で荒れた山野の再生に取り組む人たちがいっぱい出現する。給料は大幅ダウンしても、より人間らしい生き方ができるかもしれない。循環型社会って、きっとこうしたスローライフを良しとする人たちがつくる社会だと思うよ。もっとも循環型社会がきちんと回っていくためには、人間が多すぎるよね。でも、少子高齢化時代が来たということは、そうした循環型社会の基礎が準備されてきたということでもある。

Aさん でも少子化が進むとセンセイのような年寄りがいっぱいいて、それを人数の減ったワタシたち若者で面倒みなけりゃいけないってことでしょう。ヤダヨ、そんなの不公平じゃん。

H教授 キミキミ、敬語を忘れちゃダメだぞ。

Aさん うるさい、センセイのバカ！

H教授 しかし、キミたちの負担が増えるだろうけど、その老人が死んだときのキミたち1人当たりの遺産は増えるんだから、いいじゃないか。人生万事塞翁が馬。

注h　2014年8月現在では1200兆円を超えている。

3　濡れ落ち葉＝粗大ごみがごみ問題と循環型社会を論じる

Aさん うーん、なんだか誤魔化されたような気がするけどなあ。ま、いいか。で、ごみとリサイクルのほうは昨年の総括はどうなんですか。一応クルマリサイクル法はできたし、各県では産業廃棄物税ができたりしてるとあったけど。

H教授 うん、それなりに進んできたと思うよ。でもねえ、ごみってのは元はごみじゃないんだ。

Aさん あったりまえじゃないですか。今ごろ何を言ってるんですか。

H教授 だから、ごみの問題はもっと上流、つまりごみになる以前のところからやらなきゃ本質的な解決にならないんだ。

Aさん （イライラ）そんなことぐらいわかってますよ。一体、なにが言いたいんですか。

H教授 ごみになる前は製品で、その前は資源だ。たとえば資源を考えてみよう。輸出と輸入の差はどうなってると思う？ たとえばキミは外国のバナナを食べるけど、その皮は国内でごみとして処理される。

Aさん ほんと、イライラするなあ。で、それがどうしたんですか。

H教授 結論から言うと、毎年10億トンの輸入超過になっている。その一部がごみとなるんだけど、あとは製品として毎年蓄積されている。そうした製品はいつの日にか最後にはごみになる。この構造をアタマの片隅に置いておいたほうがいい。

Aさん はいはい。

H教授 「はい」は一度でいい。つまりごみ問題の終局の解決は国内での自給自足か、輸出輸入の量の差をゼロに近づけない限りはない。だから本来は環境の問題は資源の問題に帰着する。その証拠に、かなりの国では環境行政は資源行政と一体になっている。環境行政をつかさどってる役所は環境省じゃなく、自然資源省だとか資源環境省というところが多いんだ。

Aさん へえ、そうなんですか。センセイはそんなところの人まで知ってるんだ（ちょっとびっくり）。

H教授 そりゃ、そうさ。なんども海外に出張してるもの。

Aさん　でも問題は役所の名称じゃなくて中身でしょう？

H教授　名は体を表すっていうじゃないか！

Aさん　誤魔化さないで、中身をちゃんといってください！　そうした国の環境行政と資源行政はどういうふうに一体化しているんですか。

H教授　（うっと詰まり）中身まではよくわからなかった。時間がなくて名刺交換しただけだから……。

Aさん　（ニッコリと）時間がなくてよかったですね。だって、センセイの英語はThank you とNice to meet youだけですもんね。

H教授　うるさい、うるさい、やかましい、黙って聞け！　ごみ問題の原則というか、理念は「3つのR」と聞いたことがあるだろう？　リサイクルよりはリユース、リユースよりはリデュースって。リデュースの一番はモノを買わないことだよね。一方じゃ不景気だ、内需拡大だ、つまりどんどんモノを作り、それを買えって勧めてる。これが第2の矛盾。

Aさん　あーあ（おおきく欠伸）。はやくごみ行政の話に入ってくださいよ。

H教授　しようがないなあ。つまりこうした矛盾のすべてがごみ行政に押しつけられている。それをごみ行政だけで解決しようとするから、どうしても無理がでる。ごみかどうかは有価かどうかで決まるから、古紙は市価によってごみになったり、ならなかったりする。どう見たってごみなのに、香川県の豊島のようにそうじゃないと言い張ることも可能だった。また概念的には家庭系一般廃棄物、事業系一般廃棄物、産業廃棄物は明確に区別されるけど、実際の現場ではかなりあやふやだ。そうしたものを抜本から

見直そうというので、環境省の審議会でいろいろ検討された。

Aさん　で、どうなったんですか？

H教授　その前に現行廃棄物処理法の処理責任の話をしておこう。産業廃棄物の場合は処理責任は排出者にある。昔はそれを排出者から委託された処理業者の責任にしたけど、それじゃあ解決にならないというので、排出事業者、つまり工場・事業場との共同責任とされた。一方、規制も厳しくなったり、産廃税の動きもあったりして、事業者側では産廃そのものの減少、いわゆるゼロエミッション等の動きもある程度進んだ。一方、一般のごみのほうは市町村が処理するとされたんだけど、処理困難物やコストの増加、それに最終処分場の逼迫といろんな問題が出現、最後に例のダイオキシン騒動で減量の切り札、ごみ焼却場の建設まで住民の反対で難しくなった。

ぼく自身はダイオキシンのリスクというのは、他の汚染物質のリスクと同等か、それ以下だと思うけど、要はそれまで都会のごみを押しつけられてきた地方の人たちがダイオキシンをきっかけにして反乱を起したんだ。で、出てきたのは産廃の事業者責任と同様の、拡大生産者責任という考え方、つまりごみとなる製品の生産や流通、販売に関わる者の責任ということだよね。すでに一部の製品についてはその考え方でリサイクル法がつくられているけど、根本となる廃棄物処理法の抜本的見直しで、その原則が打ち出されるかどうか、廃棄物の定義の抜本的見直しとともに注目を浴びてたけど、結局はダメだったね。つまりごみ問題をごみ行政の問題だけで解決しようとしたからできなかった。

Aさん　というのは、環境省の人たちも言ってるんですか。

H教授　いや、ぼくの独断と偏見。こんなこと内情知ったらたぶん言えないよ。幸いぼくはごみ行政の経験がゼロだから言えるんだ。ま、それでも従来の延長線上ではあるけど、事業者サイドの責任をさらに厳しく、またリサイクルを促進する方向で廃棄物処理法も改正されそうだ。ただねえ、リサイクルを進めることで、それがリユースやリデュースを阻害する面がなきにしもあらずだ。まあ、これを説明しだすと長くなるからやめておくけど、循環型社会を標榜するからには、リユース、リデュースをいかに促進するかの政策がこれから必要になってくるね。

Aさん うーん、なんか抽象論ばっかりだったような気がするなあ。あとは？

4 キョージュ、生物多様性の行方を占う

H教授 循環とくれば、つぎは共生に決まってるじゃないか。そのキーワードは生物多様性だね。

去年（２００２年）、新・生物多様性国家戦略[注i]が閣議決定された。改正前は国家戦略とはタイトルだけで、中身は各省の関連ありそうな既存政策を羅列して、美辞麗句でつないだだけだったけど、新・国家戦略では、これまでなおざりにされてきた中山間地域や、対応の難しい里地里山の問題を正面から打ち出したことは大いに評価できるよね。自然公園法や鳥獣保護法の改正にも、そうした問題意識がうかがえるし、化審法や水質環境基準も生物多様性の観点からの見直しが進められてきている。自然再生法も制定されたし、農水省や国土交通省の新規施策も、先ほど言ったように生物多様性という観点からも、前進と評価できる。

でもねえ、こうした政策の積み重ねだけで中山間地域の生物多様性を保全し、そこでの暮らしと自然の再生が可能になるかというと、やっぱり疑問だなあ……。

Aさん じゃ、どうすればいいんですか。

H教授　それを考えるのがキミたち若い世代に課せられた役目なんだ！

Aさん　そんな無責任なあ。ま、センセイのいい加減さはわかってましたから、いまさら腹も立ちませんけどねえ。で、それ以外には何があったんですか。

注ⅰ　生物多様性条約及び生物多様性基本法に基づく、生物多様性の保全及び持続可能な利用に関する国の基本的な計画。わが国は、1995年に最初の生物多様性国家戦略を策定した。2002年には新生物多様性国家戦略、2007年には第3次生物多様性国家戦略、その後も生物多様性国家戦略（2010）、生物多様性国家戦略（2012－2020）と何度も見直しを行っている。

5　キョージュ、ヒトの未来を語る

H教授　もう疲れた。ちょっとお屠蘇を飲みすぎたよ。もう、このへんでいいだろう。土壌汚染対策法、自動車NOx法等々、各戦線でそれなりに成果をあげていってるけど、そのあたりはこの次から見ていこう。

Aさん　ワタシも疲れたわ。でも最後に1つぐらい、なんか楽しいほのぼの系の話をしてくださいよ。

H教授　最近では隣国の大統領選。あ、この話は内政干渉みたいだからやめておこう。長野の田中康夫の再選とか、尼崎の無党派女性市長誕生とか、地方の反乱はまだ断続的に起きてるねえ。ハトかタカか、大きな政府か小さい政府かとか、コーゾーカイカク派か守旧派か、とかいろいろ言われているけど、日本ではどの党派も結局は経済の発展、つまり経済成長派だよね。そりゃ経済発展が結果的にできればいいけれど、まずは環境だというような、ヨーロッパの緑の党のような部分が欠けている。その部分がこうした地方の反乱から生まれないかと期待はしてるんだけど、やっぱり無理かなあ。

Aさん ほら、また暗い話になった。

H教授 そうだ。田中さんだ![注26] 学位もない一介の技術者がノーベル賞。おまけに謙虚だよねえ。報奨金が多すぎるとビビったり、役員昇格を荷が重すぎると辞退したり、ほんと一服の清涼剤だよねえ。

Aさん (ニッコリと)ほんとですよねえ。論文を書く能力も意欲もないくせに、学生をいびるだけのどっかの先生と大違いですよねえ。

H教授 (ムッとして)これでキミの卒業は遠のいたな。

Aさん え、センセイ、なんか身に覚えがあるんですか。

H教授 う、うるさい。

Aさん もう、センセイったらすぐ冗談を真に受けるんだから。最後に21世紀の展望を述べてくださいよ。お屠蘇の勢いで。

H教授 わかった。わかった。いま、環境問題にかぎらず、いろんな問題が起きているけど、その地下では猛烈な地殻変動が起きてるんだと思うよ。

Aさん センセイはよく言ってましたよね。戦後日本を支えてきたすべてのパラダイムが20世紀と共に終焉するだろうって。

H教授 実は21世紀というのは、人類史の上でもっとも大きな意味があるのかもしれないとすら思ってんだ。

注26 田中耕一(1959〜)。ソフトレーザーによる質量分析技術の開発で、2002年にノーベル化学賞受賞。

Aさん　えー、また大きく出ましたね。やっぱりお屠蘇のせいだ。

H教授　うるさい。つまり、人類史の最初の一歩は1万年前に起きた農業革命だよね。これで採取・狩猟生活から脱皮し、定住生活を営むようになった。次が二百数十年前の産業革命に端を発する、科学技術革命。これにより生産力とエネルギー利用と人口の指数関数的発達で人類は果てしなく豊かになるかに思えた。より快適に、より便利に。つまり西洋型文明の価値観が世界を覆いつくしたかにみえた。でも20世紀の終わりになって、それが自分の尻尾を果てしなく呑み込んでいき、自滅してしまうウロボロスの蛇かもしれないということに気づいた。地球温暖化もその1つのあらわれだよね。

そういう意味では21世紀は人類史の大きな転換点だと思うし、ヘタすれば人類自滅ということにもなりかねない。だからこれからの10年、20年で今までの常識からは考えられない事態がつぎつぎと生起すると思うよ。恐いけどワクワクする時代でもある。そして、あってはならない21世紀はいくらでも思い浮かべられるけど、あるべき21世紀の具体的なビジョンというのはまだ誰にも見えていないということ。つまり自分たちの知恵で試行錯誤しながら一歩一歩進んでいくしかないということだよ。だって循環とか共生とか持続的発展たって所詮キャッチフレーズ、お経の文句だもの。

Aさん　センセ、センセイ。そのセリフ、去年の正月とまったく同じですよ（『南九研時報』32号にまったく同じセリフ）。

H教授　だから、こういう時代にあって、キミもアイドルを追っかけまわしたり、ブランドものに現(うつつ)を抜かしたりしないで、これからの時代を見据えて……（お説教が始まりそうになる）。

Aさん　（遮るように）センセイこそ、酔っ払ってないで、これからの日本と世界を変えるために何かしてくださいよ。ワタシたちはそのために高い授業料払ってるんですからね、わかってるの！（怒鳴りつける）あ、いけない。これからカレと初デートだ。センセイ、それじゃあ、バイバイ（駆け出す）。

H教授　う、ああ……（キョージュ、呆然としたまま立ちつくす）。

（2003年1月9日）

第3章

第1部解題

時評の世界のコンセプト——「2014・春」とデビュー時評を例に

第1章と第2章は、いかがだったでしょうか。本来の目的である、環境行政・政策のホットニュースのわかりやすい解説になっていたでしょうか? まず、「2014・春」とデビュー時評をあらためて振り返ってみましょう。このほか、この時評には書評、文明論めいたものも、たまに書いています。第2章のデビュー時評の5も、一種の文明論のようなものでしょうか。

1 あらためて「2014・春」と第1講の内容を振り返ると

「2014・春」について

第1章の「2014・春」では、主に4つのパートに分かれて、具体的な話題にふれています。

最初に、環境のホットニュースとして、温暖化=気候変動最新情報である「IPCC第5次評価報告書を構成する第2作業部会・第3作業部会の報告書」を取り上げました。温暖化=気候変動についてIPCCが警鐘を乱打して

20年以上たっているのに、国益の衝突で、一向に温室効果ガスの排出抑制が進んでいないことに危機感をあらわにしています。

次に、原発関連トピックスとして、最初に原発輸出のための「トルコ、UAEとの原子力協定の国会通過」、ついで新たに改正された「エネルギー基本計画」について解説しています。原子力協定の締結は原発輸出に直結すること、輸出原発が事故を起こした場合日本が責任を追及されかねないこと、また、輸出国で発生する「核のごみ」は日本で引き取らねばならなくなる恐れがあることを指摘しています。エネルギー基本計画では原発がベースロード電源として位置づけられただけでなく、高温ガス炉の研究開発まで明示されたことに危機感を抱いています。そして最後に「函館市の大間原発差し止め提訴」を取り上げました。ここでは、建設中の大間原発から海峡を隔てた函館市の訴訟提起を支持する立場から論じています。

3番目のパートでは「国際司法裁判所の日本の調査捕鯨中止命令」を解説しています。この節では、国際捕鯨取締条約の目的や多くの鯨類の個体数が増加していることから、日本の言い分は論理的には妥当であるが、50年以上前の論理はもはや通用しないと論じています。したがって調査捕鯨は中止すべきであるとしながらも、酢ミソづけのオバケ（クジラの尾）の味を懐かしんでいます。そして、最後に、新たに誕生した「慶良間諸島国立公園」に祝意を呈するとともに、海域公園制度についても解説を加えています。

デビュー時評では

一方、デビュー時評（2003年1月）では、最初のパート「キョージュ、温暖化対策を論じて暑く、もとい熱くなる」において、地球温暖化＝気候変動問題を論じていて、「2014・春」と同じくトップで扱っています。10年以上前のことことて、京都議定書がいまだ発効しておらず、この問題に不熱心な米国に厳しい批判をし、返す刀で、排出削減に不熱心な産業界や経済官庁を切っています。

次に、「ズッコケOBが語る環境省論」において、他省庁が時代を読んで環境シフトをはじめていること、結果として環境の時代は来ても、環境省の時代は来ないと喝破しています。そして環境シフトとはいっても、実は従来型のハコモノ＝土建屋国家体質は一向に変わっていないことを指摘しています。

3番目のパート「濡れ落ち葉＝粗大ごみがごみ問題と循環型社会を論じる」は「循環型社会」ということが一種のキーワードになってきているなかで、廃棄物やリサイクルの問題を取り上げています。そしてごみの問題はごみ行政の世界だけでは解決されないこと、つまりごみになる前の製品の製造や販売、流通から変えていかなければいけないこと、リサイクルよりリユース、リユースよりリデュースという理念は建前だけで、現実は大量生産大量消費大量廃棄から大量生産大量消費大量リサイクルにしか向かっていないことを指摘しています。

そして最後の「キョージュ、生物多様性の行方を占う」は生物多様性の問題を取り上げています。現実に多様性保全に向けた諸施策を評価しつつ、こうしたことの積み重ねだけでは真の問題解決にはならないだろうと悲観的なことを言っています。そして「5　キョージュ、ヒトの未来を語る」で、21世紀は大きな人類史の変わり目だと論じています。

デビュー時評では抽象的・包括的なことしか述べていない嫌いはありますが、最近の時評まで、基本的なスタンスはぶれていないと自己評価していますが、いかがでしょうか？（逆に言えば進歩も進化もしていない？）

2　冒頭での話題について（工夫その1）

この時評ではいくつか工夫を施したつもりです。その1つが、時評の冒頭で、環境行政・政策と直接関係ないが、そのときの旬の話題を取り上げたことです。

たとえば、第1章の「2014・春」では、前講（「2014・冬」2014年1月27日）以降に話題になったSTAP細胞と小保方サン、都知事選、コイズミさんが立ち上げた「自然エネルギー推進会議」、ウクライナ内紛等々についてさらっとふれています。別に意図したわけではありませんが、昔の時評を読むとき、こういう導入だと、その時評が書かれたころの世相が幾分かでもわかるのではないかと思います。ただ、ニュートラルにふれるのでなく、個人的な評価も述べています。基本は学生時代以来のリベラル左派の立場を鮮明にしたうえでの紹介ですから、人によってはこれだけで、これ以上読むことを忌避される人もいるかもしれません。

最初のデビュー時評だけは、環境と直接関係のない世界や日本の動きにほとんどふれていません（第2章）。しかし、第2講以降からは一貫して冒頭からふれるようにしています。そこで、**第2講「Hキョージュ、循環型社会形成推進基本計画案を論じ、環境アセスメントの意味を問う」（その1）**（2003年3月6日）の冒頭部分を再録してみます。

師弟、世界情勢を憂う

Aさん　センセイ、イラク情勢は風雲急を告げてますねえ。どうなっちゃうんでしょう？　卒論なんてやってる場合じゃないですよねえ。だから留年することにしました。

H教授　こらこら、他の単位を落として、留年せざるをえなくなっちゃったんだろう。まったくさぼってばっかりいるからだよ。

ま、キミの言うように確かにイラク問題はひどいねえ。石油利権のために侵攻しようとしているのがミエミエだもんなあ。無理が通れば道理が引っ込む、とぼやきたくなるよねえ。救いはここにきて、国際的な反戦の動きが大きなうねりを見せ始めたことだねえ。ま、あのブッシュがそんなことでめげるようなタマじゃないだろうけどね。このことは環境問題にも大きな影を投げかけてる。

Aさん　戦争は最大の環境破壊ってことですね。

H教授　それもそうだけど、それだけじゃないんだ。EUはいま環境問題に熱心だけど、それは環境問題をテコにEU統合をさらに推し進め、米国に軍事的にではなく、政治的・文化的に対抗し、世界での求心力を高めようとする戦略だった。それが今度のイラク対応でまっぷたつに割れそうだもんな。

Aさん　それにしても日本の対応はお粗末ですねえ。

H教授　キミもそう思うか、ぼくは……（はっと気づき）こらこら、環境行政に話を絞れ、って前回言ったのはキミだぞ。

Aさん　そりゃそうですけど、政治でも経済でも、一見環境に関係なさそうなことにも常に関心を払えって言ったのはセンセイですよ。

H教授　そうだなあ、あれから30年か……。

Aさん　センセイ、世界が戦争になるかどうかってときに、昔の思い出にひたってたんですか？

H教授　30年前、アメリカは泥沼化し、敗色濃くなったベトナム軍事介入をついに断念、平和協定を結び、地上兵力の撤退をはじめた。腐敗しきった南ベトナム政府は見捨てられ、ついにサイゴンは陥落した。アメリカもこれで理のない軍事介入の愚を悟ったかと思ったけど、全然なんにも学んでないね。人間ってほんと愚かだと思うよ。

Aさん 30年前か、ワタシの生まれる10年以上も前のことですね。センセイはそのころ環境庁の室長かなんかやってたんでしたっけ？

H教授 こらこら年齢詐称は犯罪だぞ。それにぼくをいくつだと思ってるんだ。

Aさん カンオケにはまってるんじゃなかったですか。たしか、そんなこと言ってましたよ。

H教授 はまってるのはカンオケじゃなくて、カラオケ！　さあ、始めるぞ！

（2003年3月6日）

3　体験談を展開（工夫その2）

もう1つの工夫は、体験談を活用したことです。最初に体験談を全面展開したのは第4講（2003年5月1日）ですので、それを紹介しておきます。

「ある港湾埋め立ての教訓」（第4講　その3、その4）

H教授 それじゃ、今回は1つだけ。数年前のことだけど、瀬戸内海で、ある県が港湾の拡張で大規模な埋立計画を構想した。そこは国立公園のすぐそばなんだけど、国立公園には入っていない。でも、万葉集でも知られた国立公園内の展望台からの景観は台無しになっちゃうんだ。

県は地元住民をツンボ桟敷に置いたまま計画を進め、港湾計画の変更を地方港湾審議会で通しちゃった。その時点ではじめて計画を公表。それを知った地元住民は怒って激しい反対運動が起きた。

Aさん　その県の環境部局は何してたんですか。

H教授　計画の初期の段階で港湾部局と大喧嘩したらしい。で、最後は環境部局は一切責任を持てないから勝手にしろって、投げ出しちゃったという話だ。もっとも埋め立て材が建設廃材で、処分場不足に悩む環境部局の廃棄物担当課は賛成、という内部事情もあったらしいんだけど。結局、港湾部局が知事を説得してゴーサインが出されたらしいよ。

Aさん　へえ、で、それから？

H教授　港湾計画変更は地方港湾審議会のあと、国の港湾審議会に諮られる。環境庁、つまり、現環境省はそのメンバーなんだ。この話は環境庁時代の話だから環境庁で以下統一するよ。通常、こういう案件は地方港湾審議会に諮られる前に、環境庁と非公式の事前調整を行うんだけど、このケースの場合一切なしで突っ走った。しかも、場所が瀬戸内海だから「埋立ての基本方針」に適合するかどうかっていう問題がある。

Aさん　話の腰を折るようですが、「埋立ての基本方針」ってなんですか？

H教授　瀬戸内海環境保全特別措置法では、埋め立てに関して瀬戸内海の特殊性に配慮しなければならないとし、具体的なことは審議会で審議されるとしているんだ。これを受けて、審議会が「埋立ての基本方針」というのを定めているんだが、これには前文で「埋立ては厳に抑制すべきであり」と埋立抑制の理念を謳い、本文で「やむをえず埋立てを認める場合の方針」がごちゃごちゃと書いてある。もっともやむをえず認める場合ってどんな場合かってのは一言も書いてないんだけど。

Aさん　何ですか、そんなのおかしいじゃないですか。

H教授　おかしいたって、そうなっているんだから、仕方がない。だから瀬戸内海では、まずこの前文の「やむをえず埋立てを認める場合」かどうかで開発部局と環境部局、場合によっては環境庁とのチャンチャンバラバラが始まる。それを無視して突っ走ったもんだから環境庁は怒った。

反対運動の激化のなかで、環境庁は港湾審議会の場で瀬戸内海環境保全特別措置法に違背する疑いがあり、景観保全の観点から問題ありって発言。港湾計画の変更は埋立計画だけじゃなかったから、結局「おおむね適当である。ただし、埋立てに関しては景観保全の点からさらに検討されたい」ってなっちゃった。で、県は急遽「景観検討委員会」なるものを設置することにした。

Aさん　ふーん、で、センセイはどういう立場でかかわってたんですか？

H教授　ぼくは、当時すでに役所を辞して、大学に籍を置いていた。で、その検討会の委員として委嘱されたんだ。どうだい、ぼくも学識者の1人ということになったんだぜ、エヘン。

Aさん　へえ、センセイが学識者ねえ。楽色者の間違いじゃないんですか。

H教授　え？

Aさん　いや、何でもないです。でも、どうしてセンセイがねえ。ひょっとして環境庁から県に圧力でもかかったんじゃないですか？

H教授　（答えずに）外部評価、内部評価って聞いたことあるだろう？　外部評価が良いというのがあたりまえになってるし、そのとおりだと思うけど、外部評価たって、その外部評価をやるメンバーを誰がどうして選ぶのかが問題だよねえ。

Aさん　ふうん、で、その港湾の拡張計画ってほんとに必要だったんですか？

H教授　そう、実は最大の問題はそこなんだ。景観破壊はもちろんだけど、それ以前に需要予測が現実離れしてないか、ほんとうにそんなものが必要なのかって議論がいるんだよねえ。で、それをみっちり審議するはずの地方港湾審議会では簡単にOKを出したんだけど、専門家のなかには需要予測が過大すぎるって意見も強かったし、環境庁も内心そう思ってたんだと思うよ。

でも環境庁は公式には環境保全や景観の観点からしか異論を述べられない。だから景観保全検討会も景観保全の観点からしか意見が言えないんだよね。で、県は、埋立面積を若干削って、あとはそこに緑地を増やすなどしてお茶を濁そうとしたんだよね。

Aさん　で、センセイはどうしたんですか？

H教授　いやあ、困っちゃったよ。反対派の女性メンバーからはラブレターが続々届くしね。だから頑張った。検討委員会の枠をはみだして、埋立て自体に懐疑的・否定的な発言するもんだから、常に孤立した。

Aさん　鼻の下を長くしてカッコいいこと言ったから、引っ込みつかなかったんじゃないですか。

H教授　そう言うなよ。ぼくは女性には甘いからな。

Aさん　で、結局どうなったんです。

H教授　県はどの程度に縮小するかを暗示する方針を出してきたけど、これは環境庁がのみそうにない程度の方針。ぼくは当然反対したけど多勢に無勢で決まりそうになった。

ぼくは、こんな程度の縮小では絶対環境庁はのまないからやめろってこっそり個人的に忠告したんだけど、それで強行突破しちゃった。で、そのあとその方針でどうかって内々環境庁に打診したらしいけど、当然のことながらデッドロック。最後は環境庁がのめそうなぎりぎりのところまでの大幅縮小案をその検討委員会に出したんだけど、そのころは反対派住民は、「一切の埋立てそのものに反対」にまで態度を硬化させていた。吉野川第十可動堰や藤前干潟埋立[注27]の反対運動も大きく動きだした時期で、反対派住民も需要予測がどう考えてもデタラメだと考えるようになってきて、港湾課のやり方自体に徹底的に不信感を持つまでになっていたんだ。で、最後の検討委員会でぼくは、「この埋立ては必要性に疑義があるし、何よりも地元住民の不信を買うようなやり方で進められている。だから、いったん白紙に戻したほうがいい」という声涙下る発言をしたけど、結局はごまめの歯ぎしり。その案で地方港湾審議会をあっさり通しちゃったし、国の港湾審議会も認めちゃった。こんどは環境庁も反対できなかった。

Aさん　反対できなかったんですか。

H教授　つまるところ必要性の判断主体と権限問題に帰着する。というのはね、たとえば港湾の必要性を判断するのは運輸省、今の国土交通省になっている。あと、しいて言えば予算をつける大蔵省、つまり今の財務省だ。

当時の環境庁はむろん、環境省に格上げされた今も、必要性の判断権は与えられていない。だから環境保全上の観点からしか公式の意見が言えないんだ。しかも、「必要かもしれないが、あるいは必要であるとしても、環境保全上からは到底容認できない」と言うには、法律上の具体的な権限、つまり土地利用の許認可権を持っている国立公園の核心部のようなところでなければダメなんだ。ま、それだってどこまで頑張れるか疑問だけど。この場合は国立公園でもないし、「埋立ての基本方針」の前文にしても、ぎりぎり詰めていくと、具体的な規制と言えるかどうかあやしい。そういうなかで半分近くまで縮小、展望台からの距離も離し、緑化にも力を入れるというものを現行の霞ヶ関ルールでは反対できなかった。

Aさん　なんだ、結局敗北しちゃったんじゃないですか。

H教授　そうじゃないんだよ。県は環境アセスメントに着手したんだけど、反対派はその後も反対運動を続けたし、そのころから公共事業に対する反対運動が方々で激しさが増し、吉野川では住民投票まで行われ、反対派の圧勝。その夏の総選挙では都市部で自民党が惨敗したんだけど、それは地方への公共事業バラマキに対する都市住民の不満が爆発したとの分析で、自民党自らが大型公共事業見直しを言い出し、中海干拓の中止や吉野川可動堰白紙撤回を決めちゃった。一方では整備新幹線予算を付けたりしてるから、一種のパフォーマンスというか、ガス抜きなのかもしれないけど、これでパンドラの匣(はこ)を開けちゃった。

で、その港湾拡張なんだけど、まずそこの市長——このあいだ落選してその後、汚職で逮捕されちゃったけど——がこうした流れのなかで反対に転じた。県のほうも、その後、知事が引退、誕生した新知事は改革派知事と言われる1人なんだけど、この埋立計画の凍結を宣言しちゃった。[注j] 財政的にもムリだってのがはっきりしたんだろうね。港湾計画上は生き延びてるものの、もうあの埋立計画は完全に破綻したんじゃないかな。

Aさん　要はセンセイや環境庁の力じゃなかったんだ。

H教授　そりゃそうだ。色男にカネもチカラもあるわけないじゃないか。だけど、一応言うべきことは言っただろう？　でもその後、反対派の女性メンバーからのラブレターはぴたっと途絶えたなあ。

注27　名古屋にある伊勢湾最大の干潟。名古屋市のごみ埋め立て計画があったが、国際的な反対運動のなかで、埋め立てを断念した。

ま、この場合は結局のところ、反対派住民の言うところの――そしてぼくもそうだと思うんだけど――ムダな公共事業を止めたのは、環境行政ではなく、住民の声をバックにした首長だった。このこと自体は正当だけど、多くの公共事業がそうはなっておらず、形式、つまり審議会だとか、議会だとかの手続きだけを踏んで、それで良しとしてきたところが問題だと思うよ。こうした事例もこのあいだの統一地方選挙の結果からみると、どんどん減ってくると思うよ。さ、これで約束を果したろう？

Aさん ダメですよ。今のは役人時代の話じゃないじゃないですか。役人時代のことを話すって約束ですよ。

H教授 わかった、わかった。それは次回以降。それよりもぼくは無神論者なんだけど、無辜（むこ）のイラク国民のために祈ろう。

（2003年5月1日）

注：j　その後、この知事も収賄で逮捕され、辞任した。

4　読者との対話（工夫その3）

そのほか、読者との対話を重視したのも特徴の1つでしょうか。はやくも第6講（2003年7月3日）で読者の声特集、第8講（2003年9月4日）でそのPART2をやっています。ここで、第6講の読者とのやりとりを紹介しておきます。

「半年継続記念　読者の声大特集」（第6講〈付：コーベ空港断章〉その1、その2）

Aさん　センセイ、今回は第6講ですね。EICネットに登場してもう半年経ったんだ。

H教授　そう、キミのようなのを相手によく続いたと自分でも感心しているよ。これもお便りをくださった読者の皆さまがたのおかげだよ。おかげで研究する時間が取れなくなった（笑）。

Aさん　（ニッコリ）よかったですね、研究しない言い訳ができて。

H教授　こらこら、またそういう憎まれ口を。ちょっとは口を慎めよ。こんなお便りがあったぞ。

✉これほどぼろくそに言われる教授は信頼できない……。

Aさん　そのとおりじゃないですか（笑）。

H教授　な、なんだと！

Aさん　でもほらこんなのもありますよ。

✉H（水素）なんて軽いから吹き飛ばせ、がんばれAさん！

✉Aさんの、教授を教授と思っていない生意気ぶり。なかなかですね！

Aさん　ほかにも「Aさんがんばって！」みたいなお便りが20通程度は来てますよ。そのうちファンクラブでもできるんじゃないかしら、ウフッ。それにねえ、ワタシって謎の美女みたい。「Ms. A is really existed? If so, make clear her profile some degree, couldn't you」だって。

H教授　（しみじみと）写真じゃなくてイラストでよかったねえ。

Aさん　シッツレイねえ。ジェラシーじゃないですか。そうか、センセイは昔、パーク・レンジャーだったんだよね。ジェラシック・パーク・レンジャー。

H教授　なにをわけのわかんないことを言ってるんだ。「Aさんの存在がじゃま」ってのもあったぞ。それにぼくだって「H教授とは誰ですか。実在の人ですか」みたいなのがいくつもあったよ。

ちなみに、左のグラフは、２００３年2月の終わりごろから6月にかけて第1講から第5講までのヒット件数の推移を表わしたものだ。一部にデータの欠損があって、完璧ではないが、おおむね毎回1万ヒットほどを記録しているらしい。公開と同時にドーッと閲覧件数が伸びる等、毎回心待ちにしていただいているようすが伺えて嬉しいかぎりだよ。

Aさん　すっごーい。大好評じゃないですか。

H教授　でもなあ、一目見てつまんないと思う人はふつうアンケートに答えたり、便りを寄越したりはしないよ。それなのに「主旨が読みにくい、長すぎる、それでどうした。……（中略）……大学教授と学生の会話は程度が低く、他の内容にしたらどうか」なんてのもあるし。

Aさん　ヒッドーイ、センセイのレベルに合わせてあげただけなのに。

H教授　それはこっちのセリフだ。他にも「教授もAさんも漫画的にパターン化された馬鹿丸出し」というのもあったし……（落ち込む）。

Aさん　でも暖かい励ましもいっぱいあったからいいじゃないですか。外国からのお便りもありましたよ。英語だか

図3. ブログのヒット件数

ら読めなかったかもしれないけど、好評でしたよ。

H教授 馬鹿にするな！ あの程度の英語は読めるぞ。（小さく）ちょっと自信はないけど……。

Aさん 音信が途絶えてた人からもお便りがあったみたいだし。残念ながら男性だったけど（笑）。それから注文や質問もけっこうありましたよねえ。

H教授 そう、第1講では「表やグラフがあるとわかりやすい」とか「文章中から関連HPへリンクできると便利です」みたいな投書が10通ほども来たよ。

Aさん で、第2講から即座に要望に応えたもんねえ。センセイ、なんにもしなかったけど。

H教授 そう、あれは全部編集部というか、E－Cがやってくれてるんだ。たいへんだと思うよ。そのうち内容に対するクレームや圧力からじゃなくて、E－Cの人たちから労働過重でもう連載をやめてくれって言われるかもなあ。

Aさん センセイ、あの図表の挿入やリンクで勉強になったでしょう。

H教授 （しみじみと）そうなんだ、うろ覚えでしゃべった内容をあとからじっくり勉強させてくれるから、感謝感激だよ。

Aさん とっても答えられないような質問もあったじゃないですか。

H教授 そう「炭素税における先進国（欧州）の理論と現状」だとか、「食品リサイクル法施行後の全国の動向やバイオプランと今後の方向性」なんてのは、うっかり取り上げるとボロがでちゃいそうだしね。粘土採掘の具体的な事例をあげられて「鉱業法と自然環境保全の問題を論じてください」と言われたり、「国土交通省が進めているPFIの環境アセスの評価方法」と言われてもお手上げだもんなあ。「遅効性肥料製造時のトリクロロエチレン、テトラクロロエチレン」とか「肥料用硫酸カリ製造からかつて高濃度のダイオキシンが排出されていた」なんてのはまったく初耳だった。

(読者を向いて)申し訳ないですが、こうした専門的な話題はEICネットの「環境Q&A」や「フォーラム」欄で問題提起していただければと思います。「廃掃法の曖昧さ、各省庁の横の繋がりのなさ」「環境ホルモン」「戦略アセスと政策決定システム」「里海=沿岸海域の環境論」等は、いずれなんらかの形で取り上げようと思っていますのでよろしく。

Aさん センセイは具体論に弱いんですよね。自然保護全般は論じられても、樹の名前も鳥の名前も知らないもんねえ。これで昔、パーク・レンジャーだったなんて信じられない。

H教授 シーッ、それは内緒だって(笑)。

Aさん そうそう、これはどうですか。「タバコの間接喫煙の害について」。

H教授 (顔を顰(しか)め)厭な子だねえ。[注k]

Aさん ワタシじゃないですよ。読者のお便りですよ。「タバコはやめたほうがよいと思います。がんばれ、ネオコン!! 戦争は勝たなきゃね!!」なんてのもありました。「蛇足が多すぎる。イラク問題等は不要でないか」というのもありましたしねえ。

H教授 でも「イラク問題を自主規制するのはやめてほしい。H教授の独断で突き進んでほしい」だとか、「劣化ウラン弾による健康被害も含めて、戦争が及ぼす環境影響について、ぜひ教えていただけないでしょうか」というのもあったよ。もっとも後の問題もぼくは専門家じゃないんで答えられないけど。

Aさん あとセンセイの意見への異論、反論もありましたねえ。第1講では「田舎のようなスローな生活というのはたぶん起こらないと思います。むしろ田舎が情報ネットワークの普及により、高速化され、地方と都会の差が縮まるというのが理想だと思います」という意見がありました。

H教授　うん、それはそうだと思うよ。でも、心の持ちようはスローにってヒトが増えればいいなあと思うんだけどねえ。

Aさん　それから第３講へのお便りで「データが定量的でないのが致命的……いい話してるのに、価値半減」というのがありましたよ。

H教授　（シュンとして）そんなこと言われてもなあ。

Aさん　センセイに代わってお答えしますね。センセイは定量的なデータを収集、解析して仮説を立て、緻密に論証していくことが苦手というか、できないんですよね。経験と雑学を基にした「直感プラス思いつきプラスハッタリ」の人ですから。

H教授　（真っ赤になって）おいおい、そこまで言うことないじゃないか。かりそめにもぼくはキミのシドウ・キョーカンだぞ！

Aさん　ドウドウ（なだめる）、まだ、後がありますから。でも、その言説がけっこう正鵠を射ているかもしれないから、こんなたくさんの読者からの反応があるんですもんね。センセイの研究論文よりこっちのほうがワタシは好きですよ。

H教授　（急にニコニコ）うん、うん。

Aさん　ところで、こんな痛烈なお便りも来てましたよ。左が全文です。

🖂アンケートに、「つまらない」ではなく、「ひどい内容だ」というのを加えてほしい。環境省が、ダイオキシンとんでも本と同じことを言ってるとは思わなかった。結局、環境省はダイオキシン対策を講じながら、自分でやりすぎと言っているわけだ。もっと慢性毒性に言及するべきところを、タバコとダイオキシンを同列において、問題をすりかえるとは情けないですね。

H教授　(目を白黒させて) ふーん、でもぼくの意見のどこがおかしいか、具体的な指摘がまったくないから、コメントのしようがないね。ま、ぼくの意見が「ひどい内容」かどうか、「情けない」かどうかは、読者の判断に委ねるしかないなあ。

　でもねえ、なんでぼくの意見がそのまま環境省の意見になるわけ？　ぼくも困るし、環境省だって迷惑だと思うよ。この時評をそういうふうに読む人がいること自体、ぼくには驚きだよ。

Aさん　そうよねえ、センセイの授業って環境省の悪口ばっかりだもんねえ。センセイって最初は環境省のこと大嫌いなんか、と思いましたよ。

H教授　愛するがゆえの憎まれ口ってことかな。

Aさん　最後に、「CO_2にしても、石油資源にしても、廃棄物にしても、『工業生産』を減らせば一石三鳥で改善するはず」という意見がありましたけど、これはどうですか？

H教授　それこそ簡にして明な正論だと思うよ。でも、それを自発的にやりとげられるほどヒトは賢くない。だって、歴史上敗戦以外で工業生産を大々的に減らしたのは1990年前後からの旧ソ連圏だけだ。ベルリンの壁崩壊みたいなことがなければ絶対ムリだろうな。

　だからこそ、燃料電池だとか核融合だとかいった技術的なブレークスルーに期待したがるんだけど、ヒト社会を他の生物種並に2000万年とは言わないまでも、1000年くらいはこの先持続させようとすれば、ほんとうに必要なのは工業生産の低減というか、資源、エネルギーの総抑制だし、先進国では現状の3分の1だとか、場合によってはヒトケタくらいは落とさなきゃいけないかもしれない。

だからこそ、社会的なあるいは意識や価値観のブレークスルーが必要なんだけど、問題はどうすればそれが可能になるか、そもそも可能なのかが、誰もわからないということだ。

（2003年7月3日）

最後に、ネット時評での最大の特徴はリンクでしょう。デビュー時評だけはリンクを張っていませんが、読者の意見をすぐさま受け入れ、第2講からはさまざまな用語や事件について、より理解できるようにいっぱいリンクを張っていますし、当該問題についての過去の時評での論考についてもリンクを張っています。

注k　当時、H教授はヘビースモーカーだった。

第2部

Hキョージュの環境行政時評セレクション

本時評のテーマは環境問題全般にわたっています。第1部の「2014・春」では捕鯨問題を取り上げたように、必ずしも環境省専管事項だけでなく、広義の環境問題を扱っていますし、3・11以降は原発関連の話題が半分近くを占めるようになりました。
そこで、第2部は過去の時評のセレクションとして、第4章で3年目の振り返り（第33〜36講抄）、そして第5章でテーマ別時評抄をまとめます。

第4章　3年目の振り返り（第33〜36講抄）

第33講から第36講に、「本時評の2年半を振り返る」というシリーズがあります（2005年10月〜2006年1月）。終了時には3年になったのですが、それを見れば、はじめの3年間にどんな話題にどんなスタンスで書いているか、そしてそれに関しての読者の反応がわかると思い、次にまとめてあげておきます。

「本時評の2年半を振り返る」（第33講〈付：コウノトリ放鳥その他〉その1より）

Aさん　さ、ぼちぼち本論にいきましょうか。前から約束してたとおり、この2年半を振り返るんでしょう。

H教授　うん、**第1講「環境行政、2002年の総括と2003年の展望」**（本書第2章）は2003年1月だった。最初は隔月という約束だったんだけど、アンケートのお答えや投書があっというまに100通を越し、EIC始まって以来の椿事だというので、急遽毎月にしてくれと泣きつかれた。

それまで書き溜めていた原稿があったから、それをアレンジすれば、隔月なら3〜4年はもつと思っていたんだけど、おかげで1年半で使いはたし、今じゃあ月末になると青息吐息だ。

Aさん　ま、それはともかく第1講は総括的な話でスタートしました。このころは森内閣でしたっけ？　イラク侵攻はしてましたか？　京都議定書に日本は批准してました？

H教授　しょうがないなあ、若年健忘症は。第1次小泉内閣の発足は2001年4月で、この年に9・11があって、その後にアフガン進攻。日本政府が京都議定書批准を閣議決定したのが2002年6月。第1講のころはイラク侵攻が是か非かで世界が揺れていた。ついでに言っとくと、2002年の12月に自然再生推進法が成立し、2003年1月から施行されたんだ。

Aさん　（無視して）へえ。で、**第2講「Hキョージュ、循環型社会形成推進基本計画案を論じ、環境アセスメントの意味を問う」**がその3月ですね。循環型社会形成推進基本計画案を紹介してますね。

H教授　うん、「資源生産性」だとかの新しい概念を解説したんだけど、無事、年度内に閣議決定された。

Aさん　それから脱ダムと淀川水系流域委員会の論評。この淀川水系流域委員会の話は第5講、第9講、第12講と再三取り上げていますね。

H教授　欧米では脱ダムが常識、日本でも長野の田中知事が言い出した。そこへ国土交通省近畿地方整備局長の諮問委員会である流域委員会が淀川水系5ダム計画[注28]に否定的な意見を出したという報道を読んで、すっかり国土交通省も方針転換を図ったと早合点しちゃった。地方整備局は、当初は全事業継続、その後の検討で2ダムは建設を中止するものの、3ダムについては事業継続との方針を出した。流域委員会では最終の意見書をこの11月にとりまとめるそうだけど、どうやら見解はすれ違ったままのようだ。[注1]大阪府も安威川ダム[注29]を規模縮小しても続行する意向のようで、いったん始まった公共事業は中止が難しいということを立証したようなもんだ。ただ、流域委員会を公募制でスタートさせた地方整備局長の英断には脱帽だな。

Aさん　そしてアセスとミティゲーションの話で、SEA[注30]の可能性、政策決定システム自体の見直しが必要だと締めくくっています。ここでは一般論にとどめていますが、具体的なアセスの話を第4講（S港沖埋立）、第17

講（石垣空港、S湾）、第32講（豊中市ミニアセス）と、再々ふれてきましたね。

H教授　すでに米英のイラク侵攻が始まってたね。**第3講「Hキョージュ、水フォーラムを論じ、ダイオキシンを語る」**が4月、キミの留年1年目の開始だ。

Aさん　そうセンセイ、えらく怒って、「ネオコンは世界の癌だ」などと言ってましたっけ。

H教授　今はすっかり凋落して、見る影もないそうだけどね。

Aさん　ちょうど世界水フォーラムが開催中で、これにもふれてましたけど、政策的にはその後何か生まれていますか？　あ、聞いてもムダか、どうせフォローしてないんでしょうから。

H教授　ほんと、一言多いねえ。カレシが逃げ出すわけだ。

Aさん　ほっといてください！　で、メインディッシュがダイオキシン。ダイオキシン騒ぎ自体は非合理的なパニックだったけど、それが社会を循環型に変える原動力になったというセンセイ独自のシニカルな見解でしたね。

H教授　これから先はもっときちんとしたリスクコミュニケーション[注31]が必要だとも言ったろう。今のアスベストもそうだけどね。

Aさん　で、**第4講「或る港湾埋立の教訓」**が2003年5月。バグダッドは陥落してたけど、イラク問題は解決し

注28　淀川水系で事業中だった5ダム（丹生、大戸川、天ヶ瀬ダム再開発、川上、余野川）についての計画。

注29　大阪府北部を流れる安威川の洪水を防ぐために建設中のダム〈http://www.pref.osaka.lg.jp/aigawa/〉。

注30　Strategic Environmental Acessment の略で戦略アセスメントと言われる。事業計画がかたまった段階で行う、いわゆる事業アセスより早期の、事業実施段階（Project 段階）にいたるまでの意思形成過程（戦略的な段階）の段階で行う環境アセスメントを言うとされているが、厳密な定義はない。日本では2011年の改正アセス法で導入した「配慮書手続」でSEAが制度化されたと環境省はしている。

注31　原因者の事業者と住民が情報を共有し、意思疎通を図って対策を進め、リスクの低減に取り組むこと。

たわけでない、政治的には大きな敗北だと言ってました。あれから泥沼状況はさらにひどくなっています。センセイの予言はあてにならないことが多いけど、めずらしく当たってました。

統一地方選挙と絡めてマニフェストの話をひとくさりしたあと、廃棄物用語としての「マニフェスト」[注32]の解説、そして静脈産業の健全化、明朗化、近代化が必要だと力説してましたっけねえ。

H教授 その状況は基本的に今日も変わってないな。

Aさん ここで初めてセンセイの体験談が出てきます。瀬戸内海のS港沖埋立問題の顛末、つまり環境行政はストップさせられなかったけど、それがなぜかというセンセイの解釈とともに、民意が首長を動かし、凍結にいたった経緯を話してくれました。吉野川第十可動堰だとか神戸空港だとかちょうど全国的に反公共事業のうねりが激しかったころの話です。

H教授 そのなかで瀬戸内法[注33]とそれに基づく「埋立の基本方針」のことも言及しているから、きちんとおさらいしておくように。

Aさん へいへい。**第5講「脱ダム、自然再生、環境教育　三題噺」**が6月。淀川水系流域委員会の話からはじまって、「落としどころ」を考えるのが昔の役人のやりかたで、それが見つかりそうにないときには先送りしたり、消極的権限争いを始めるというくだりを覚えています。「ああ、センセイはそうやって29年間凌いできたのか」って感じたことを思い出しました。

H教授 そんなことより、本線の話は？

Aさん 最初が川辺川ダムと止まらない公共事業の真相＝深層の話でした。

H教授 うん、この年の5月に高裁判決が出た。利水事業の計画には受益者の同意が3分の2以上いるんだけど、その要件が満たされてないってことで無効の判決だ。その後の状況だけど、熊本県の収用委員会に出されていた漁業権の強制収用の申請を収用委員会の勧告に従って今月、ついに取り下げたそうだ。

Aさん じゃ、断念したんですか。

H教授 いや、新たな利水計画をつくって再度強制収用を申請する構えは崩していないみたいだ。[注m] コイズミさん、こういうところでこそリーダーシップを発揮してくれませんか。

Aさん それから1月に施行された自然再生推進法と自然再生事業についてのセンセイのご荒説を拝聴しました。

H教授 うん、4月1日に自然再生基本方針も閣議決定されたしねえ。

Aさん センセイはミニ自然再生事業こそが必要だと言ってました。前講のミニミニアセスといい、ほんとうにセンセイは「ミニ」が好きなんですねえ。

H教授 どういう意味だ！

Aさん いや別に。あと、オオトリが環境教育法で、NGOの試案を論評。環境教育の科目を必須化し、専任の教師を置くという試案はいいけれど、もっと大事なことは学校という空間・時間の全体を環境教育の場にすることだと言ってました。もっとも7月に議員立法で成立した環境教育・環境保全活動推進法はNGO試案とは大きく異なり、環境教育の科目必須化、専任教員必置等というのはきれいに消えてました。

注32　産業廃棄物管理票。排出事業者が産業廃棄物の処理を委託する際に、マニフェストに、産業廃棄物の名称、数量、運搬業者名、処分業者名などを記入し、産業廃棄物の流れを自ら把握・管理し、不法投棄を防止する仕組み。

注33　議員立法の時限法である瀬戸内海環境保全臨時措置法と政府提案の後継法である現行の瀬戸内海環境保全特別措置法の略。

H教授　**第6講「半年継続記念　読者の声大特集（付：コーベ空港断章）」**は2003年7月、読者の声特集と、ボクの体験したコーベ空港秘話。そのコーベ空港は来年2月開港だそうだ。

Aさん　**第7講「亜鉛の環境基準をめぐって（付：レンジャー今昔物語）」**は2003年8月で、前半は水質環境基準、とりわけ生物多様性保全のための亜鉛の環境基準設定について言及しています。

H教授　中央環境審議会の専門委員会報告に対して産業界の委員が猛反発して先送りになっちゃった。結局、9月に審議会答申が出され、11月には公布されたけどね。

Aさん　このときのお便りは第8講で紹介ずみですけど、すごいものが何通もありましたね。

H教授　ただ、亜鉛の環境基準は決まったけど、排水基準のほうは決まってないみたいだし、亜鉛以外の物質についても検討は進んでないみたいだ。[注n] そういう意味では産業界の抵抗は実を取ったと言えるかもしれない。このときの論争では、中西準子先生が亜鉛の環境基準に断固反対の論陣を張られたのが印象的だった。

Aさん　で、後半が国立公園行政とレンジャー私史。とても役人とは思えないような、昔のレンジャー時代をしきりに懐かしがってました。それを壊したのは自分だというのに。

H教授　いよいよこの10月から地区自然保護事務所はなくなり、全国7カ所の地方環境事務所という地方支分部局が誕生する。これからのレンジャーはどうなるのかも見ものだねえ。

Aさん　**第8講「盆休み　四方山話――電力雑感・読者の便りPART2・環境教育法・大気行政体験記」**（2003年9月）では、ニューヨークで発生した大停電から電力の問題を取り上げています。[注34] それから読者のお便り特集の第2弾、それから議員立法で成立した環境教育・環境保全活動推進法を取り上げ、ラストで大気行政体験談となっています。

H教授　大気行政では、現役当時に奮闘したNMHC[注35]を中心に回想した。実はこのNMHC、20年の歳月を経てようやくVOC[注36]として大気汚染防止法で規制されることになったんだけど、そのあたりは第10・15講で取り上げている。その大気行政だけど、もう1つ取り組んだのがアスベスト。NHKがこのときのことを取材に来ている。

Aさん 第8講へのお便りでは、はるばるブータンからありましたね。

✉ブータンで、(任期はあと2カ月ほどになりましたが)、楽しみに読んでいます。環境行政の普段見られない面が見えて、とても役に立っています。そう奇麗事ではすまないが、できることもある、と。

H教授 **第9講「夏のできごと&温暖化対策税雑感」**(2003年10月)では、沖縄旅行の雑感と亜鉛の環境基準の決着の話、それから環境基本法の見直しを開始したという話やRDF[注37]事故の話、それから淀川水系5ダムのその後みたいな話。メインが中環審の専門委員会報告で温暖化対策税(環境税、炭素税)の考え方が示されたので、それを紹介するとともに排出権取引のことにも若干ふれた。

Aさん ええ、センセイの経済音痴ぶりがよくわかりました。ところで環境基本法の見直しの話はどうなったんです

注34　2003年8月14日に、アメリカ北西部からカナダにかけて発生した大規模な停電(約6000万キロワット)。ニューヨーク、ペンシルベニア、バーモント、マサチューセッツ、ミシガン、トロントやオタワ等が停電した。
注35　メタン以外の炭化水素の総称。光化学オキシダントの原因物質として古くから対策が進められてきた(EICネット環境用語集「非メタン炭化水素」)。
注36　浮遊粒子状物質対策、光化学オキシダント対策を目的として、新たに盛り込まれた工場・事業場に対する揮発性有機化合物(VOC)の規制制度(EICネット環境用語集「VOC排出抑制制度」)。
注37　ごみ固形化燃料のこと。

か。

H教授　うーん、調べてない。大臣もその後変わっちゃったからなあ。ま、今度また探ってみるよ。

Aさん　環境税は第23・24講でも取り上げてますけど、依然として進展はないですねえ。

H教授　経団連が反対の申し入れをしたって、つい先日の新聞に出てた。

Aさん　リサイクル行政担当の市の職員の方から、左のお便りがありました。第18講でようやくリクエストに答えましたね。

✉エネルギー源としてすでに33パーセント（東電2002）を占めている原子力発電について、じっくり特集したものを読みたいです。温暖化対策税を考慮するうえでも、33パーセントを占める（2012年では48パーセントの見込み）原発について十分検討する必要があると思います。核廃棄物、事故のリスクといった原発そもそもの問題もあると思いますが。

H教授　**第10講「秋深し、瀬戸内法はなんのため？」**（2003年11月）では、ボクが担当室長だった瀬戸内法がメイン。ちょうど法制定30年だったんだ。ほかにディーゼル排ガス、VOC規制、世界遺産の話にちょこっとふれた。瀬戸内海については心に残るお便りが何通かあった。

✉祖父に連れられて潮干狩りにいくと、前年には海があった場所に海がなくなり、だんだん遠くに行ったことを思い出し、なんとなく懐かしく記事を読ませていただきました。（中略）自然再生をいい形で機能させないといけない、と思いを新たにするところです。瀬戸内法も、瀬戸内室もなくなりもはや過去のものとなったかと思っておりましたが、そうか新たな意味を持ち得るのだと認識を新たにいたしました。（中略）行政界の壁を越えられるのは市民の力と常々思いつつ（なんで休日や夜まで仕事せなあかんねんとは思いながらも）仕事をしております。「浜寺」の文字がなつかしく、メールさせていただきました。

Aさん　センセイ、女性からの便りだけをしっかりマークしてません？

H教授　そういうことを言ってるから「Aさん、もうちょっと師に敬意を払いなさい……。最近、度が過ぎてます」なんてお便りが来るんだ。それから文末アンケートの設問で、「Q3　今回の内容についてのご感想に、『同感』という選択肢があるべきではないかと思う」というお便りもあった。これはすぐにご趣旨に沿った改善がされた。

Aさん　**第11講「浄化槽と下水道：浄化槽法20年」**（2003年12月）、いよいよ師走になりました。お得意の忠臣蔵批判があって、京都議定書を批准するかどうかでやきもきさせたロシアの対応についての解説が導入でした。ロシアが批准し、京都議定書が発効するのにあれから1年強かかりましたね。

その後が3Rプロジェクトという環境省若手職員の動きにふれた後、得意の役人生態学。で、メインが浄化槽法20年にちなんで下水道と浄化槽の話。センセイ、明らかに合併浄化槽贔屓でしたよね。

H教授　下水道は金食い虫だからねえ。3Rプロジェクトについては、

🖂環境省の若手職員の皆さんがこんなに厳しい労働環境にあるとは知りませんでした。他の省庁に比べて人員が少ないこともその理由の1つにあげられると思いますが、まずは、国民が実態を知らされるべきで、マスメディアの報道も必要ですね。

──という便りがあった。この3Rプロジェクトのその後についても追跡してみる必要があるね。ほかにも、

✉市役所下水道部職員です。今回市の生活排水処理計画を見直すということで、業界の知識人としての合併浄化槽と公共下水道に関する見解や意見がないかとネットを探しておりました。環境庁ＯＢであり学識者として、役人ではない率直な意見が拝見でき、とても有用な資料となりました。

──なんていうお便りもいただいた。

Aさん　う～ん、やっと第11講か。今回が第33講ですよね。これでようやく3分の1か。

H教授　ちょっと疲れたな。あとは次講に回すか。

Aさん　センセイ、これであと2回はなんとかもつなあと思ったでしょう。

（2005年10月5日）

注l　その後も対立は深まる一方で、ついに2009年には地方整備局は流域委員会の委員の任期が切れても、次期委員を選定せず、一方的に休止させた。2010年に再開させたが、運営方法は地方整備局主導型のものにがらっと変わり、先進性は失せた。

注m　その後、国土交通省は強制収用を断念、2008年には熊本県知事、2009年には前原国土交通大臣が中止を明言するなど事実上廃止に追い込まれているが、九州地方整備局川辺川ダム砂防事務所自体は存続している。

注n　その後、排水基準も定められた。また水生生物の保全にかかる環境基準項目として亜鉛に加え、ノニルフェノールそして直鎖アルキルベンゼンスルホン酸及びその塩が追加された。

「本時評の2年半を振り返る」（第34講〈付：メディアの傲慢その他〉その2より）

Aさん　さて**第12講「2004新春　環境漫才」**（2004年1月）ですが、いよいよ2004年に入りました。「新春　環境漫才」と銘打つだけあって、おせち料理のように幅広い話題をつまみ食いしていますが、メインは温暖化とロンボルグ[注38]ですね。ロシアはほんとうに批准するだろうかという話から始まり、イラクとのかかわりで批准しない可能性もあるんじゃないかと危惧してました。ま、うれしいことに杞憂に終わりましたけど。

そこから、温暖化は本当に起っているのか、起っているとしてもそれは温室効果ガスのせいなのか、温暖化は悪いことなのか等という異論反論を取り上げ、それとの関連で温暖化対策不要論をぶち、「世界の環境はどんどん良くなっている、生物多様性は減少していない、未来は科学技術によりどんどん明るくなる」等といった超楽観論をばらまくロンボルグの本に噛みついています。もっともあまり科学的な反論じゃなかったですけどね。

H教授　あとは淀川水系流域委員会の話。委員会は5ダムの原則計画中止を謳った報告書を出したけど、近畿地方整備局のほうはのまないだろうという予測をしておいた。やっぱりぼくの予測どおりになりそうで、近々決着がつくらしいから、その決着もみてみることにしよう。

Aさん　エコツアーの懇談会が発足したという話もありましたね。

H教授　うん、その結果は第18講でふれている。

注38　ビョルン・ロンボルグ（1965〜）、デンマークの政治学者。著書『環境危機をあおってはいけない――地球環境のホントの実態』で論争を巻き起こしたことで知られている。

Aさん それから「普通河川」[注39]の浄化対策補助金の獲得秘話。でもせっかくセンセイががんばった補助金だったけど、コイズミさんの三位一体改革で廃止になっちゃったんじゃあないですか。

H教授 面白かったのは「ちょっと過激でよいです」というご意見と「H教授は公平・客観的なのに好感もてました」というご意見。うーん、好評なのはうれしいけど、どっちなんだろう。

Aさん **第13講「都市の生理としての環境問題――花粉症・ヒートアイランド・都市景観」**では、まずは花粉症の話題。センセイ、ご自分が花粉症じゃないものですから、気楽に論評し、戦後林業政策の失敗をあげつらってました。

H教授 大事なことは、花粉症は都市環境問題という側面があることだ。

Aさん で、都市環境の大問題ということでヒートアイランド。どの省庁も消極的権限争いを繰り返してきたけど、とうとうそうもいかなくなって対策大綱をつくった。だけど、ヒートアイランド現象は都市化=文明の生理というしかなく、抜本的な解消は不可能だろうというご宣託でした。

ところでヒートアイランド新法の話ってあるんですか？

H教授 さあ、まだ話題にものぼってないんじゃないか。でも今年の暑さは尋常なものじゃなかった。緑化対策の補助だとかいった、一部で行われていた自治体の独自の対策が方々で行われるんじゃないかな。

Aさん ついで都市環境問題、というか〝環境省行政時評〟じゃない環境行政時評の第3弾として「都市景観と街づくり」。旧建設省の景観形成法の流れと都市再生論を謳い文句にした高さや容積率の規制緩和の流れが矛盾していると批判してました。

第14講「BSE愚考、廃家電横流し雑考」[注40]（2004年3月）では、やはり「非環境省環境行政時評」の続きとして最初にBSE問題を取り上げています。でもようやく米国牛の輸入再開になるようですね。

H教授　まあ、リスクの大小だけの観点からいえば、妥当なんだろうな。でも、問題はリスク論だけじゃないからなあ。日米関係いかにあるべきかという政治、外交が絡んでくる。

Aさん　で、そのあと当時世間を騒がせた鳥インフルエンザ問題を取り上げ、食の安全性の問題にちょろっとふれたあと、家電リ法で回収した家電製品の北朝鮮への横流し事件を取り上げ、横流しは3つのRという観点からは決して悪くない、とひねくれた見解を吐露してくれました。

H教授　ひねくれてなんかいないよ。正論だよ。

Aさん　セイロン（スリランカ）じゃありません、ここは日本ですから。で、最後に産廃を一般廃棄物の処分場で引き受けてもよくなったというニュースを解読。これはダイオキシンの余波だと論じています。

読者の反応はいかがでした？

H教授　アンケートは約40通いただき、うちご意見も25通に達した。BSE問題が旬の話題だったかもしれない。

✉H教授のBSEに関する意見に理性では賛成しますが、潔癖な日本消費者は全頭検査が可能であれば、全頭検査を要求するでしょうね。なんといっても日本製造業は「ポカよけ」に代表される全数検査により、「抜き取り検査」に代表される欧米型品質管理方式を日本式品質管理方式で駆逐したのですから!!　築地の吉野屋は500円で国産牛の牛丼を出しているそうですね、だいたい牛丼を280円程度で食べられること自体、本来の支払うべき費用を

注39　河川法で河川、あるいは準用河川と定められた河川以外の小河川。国の普通財産で、自治体が管理している。

注40　食品安全委員会HP〈http://www.fsc.go.jp/sonota/bse1601.html〉、厚生労働省HP「牛海綿状脳症（BSE）について〈http://www.mhlw.go.jp/stf/seisakunitsuite/bunya/kenkou_iryou/shokuhin/bse/index.html〉、動物衛生研究所HP「牛海綿状脳症」〈http://www.naro.affrc.go.jp/niah/bse/index.html〉等。

支払ってなかったと認識すべきでしょう。

――というご意見。横流し事件では、

✉横流し問題は、私も「けしからん！」と単純に思っていました。この記事を見て本当に目から鱗でした。

――で、うんうんと思ってたら、

✉廃家電の横流しについては、リユースという観点からは悪と言い切れないかもしれないが、某国でフロンが適正に処理されるとは考えにくく、オゾン層から見ると悪では？

――という切り替えしがあり、脱帽した。あ、それから、

✉I'm very happy to read your articls every time. Now I'm taking Social Science class which is about global studies in my college, and then I could see what's going on the earth politically, economically, and envrionmentally. My major is envrionmental science, so I'm really interested in this HP. I want to thank to you for this HP.

――というご意見もあった。いよいよこの時評も国際的になった。

Aさん　英語で届いたからって、外国から出したとはかぎりませんよ。センセイが読めるかどうかテストしただけかもしれませんし。ところで、意味はわかったんですか。

H教授　し、失礼な！　悪口じゃないことぐらいわかったぞ。ハイ、次！

Aさん　で、春うららの**第15講「Hキョージュのやぶにらみ環境倫理考」**（2004年4月）ですね。いよいよ新年度になりました。ワタシも無事卒業し、晴れて院生。研究者のタマゴになりました。

H教授　孵化するかどうかわからないけどね。

Aさん　それもそうですねえ。指導教員が指導教員だから……。

H教授　こらこら、ボクに責任転嫁するな。

Aさん　で、第15講では読者のお便りをきっかけにトレードオフの話から、LCA[注41]の必要性と困難性の話がありました。

H教授　読者からは、

✉**相変わらず、お2人とも絶好調ですね。おもしろかったです。どの世界も「あちらを立てれば、こちらが立たず」というお話ばかりですね。**

――というお便りがあった。

注41　ライフ・サイクル・アセスメントの略。その製品に関する資源の採取から製造、使用、廃棄、輸送などすべての段階を通して環境影響を定量的、客観的に評価する手法である。

Aさん　メインの話題は環境倫理。「地球にやさしく」というのは間違っている、「人間にやさしく」というべきであるとか、人間中心主義と自然中心主義は実践的にはそれほど異ならないとか、クジラを巡る論争は環境倫理の名を借りた「文明の衝突」だとか。

H教授　こらこら、ボクはハンチントンじゃないんだから、そんなことは言ってない。食文化同士の対立だと言ったんだ。

Aさん　ま、いずれにしても環境行政とはちょっとかけはなれた議論のあと、カルタヘナ議定書の発効を受けて施行された「カルタヘナ法」と遺伝子組み換えの話、それに国会に提出されていた外来生物法案の話だとかいった生物多様性をめぐる動きを概説してくれました。最後には、それ以外に国会に出されていた環境省関係の法案についても簡単な解説がありました。

H教授　これらの法案はすべて成立して動き出した。外来生物法は、その後、特定外来生物の指定をめぐってのごたごたがあり、そのトバッチリで、ボクはバス擁護派の人からぼろくそに叩かれた。

あと個人的には大気汚染防止法改正が印象に残っている。20ウン年前に手がけた固定発生源からのNMHCが、ついにVOC規制という形でリベンジされたんだから。今年に入って省令政令も整備され、本格的に動き出したようだ。

Aさん　読者からのお便りは？

H教授　この講の最後で環境配慮促進法案[注42]という名の環境報告書の作成を推進する法案についてふれたら、こんなお便りをいただいた。ちょっと考えさせられるね。

✉環境意識が低いとつくづく感じる我社も流行に遅れまいと昨年環境報告書を作成、社員全員に配布しました。と、

ここまでは良かったのですが、内容は環境意識の低さを露呈するものでがっかりしました。ＩＴ化で紙節約とか廃棄物量が従来比どれだけ削減されたかとか、削減量しか書いておらず全体像が不明で説得力に欠けるものだったからです。減らした量の数万倍（勝手な推測）も大量使用、大量廃棄してるくせに、と思いました。正直に書いたら環境報告書どころか環境破壊報告書になってしまうと思いますが。近年環境関連の仕事を希望する学生が多いと聞きます。就職先として公務員、各種団体職員以外はたいてい民間企業だと環境〇〇室等と雑誌には書いてありますが、我社の場合、そこは出世コースから外れた中高年が最後に集まる部署になっています（むごいですが誰から見てもそう見える）。そもそも環境問題に対する会社の姿勢も見せかけのように思います。環境報告書とか、環境〇〇室とか聞くと、私の場合は眉唾もんだなといつも思います。世間の注目度は高いですが、実は見せかけ（ニセ物）が多いのではと思います。（大手メーカー）

Aさん　うーん。

H教授　ただ見せかけだけのものが多いかもしれないが、ホンモノもけっこう出始めてると思うよ。だから読むほうも灰の中からダイヤモンドを見つける目を養わなければならない。

Aさん　灰とダイヤモンド[注43]？　なんです、それ？　センセイの趣味の鉱物採集の話ですか。

H教授　ゴメンゴメン、アンジェイ・ワイダもマチェックもキミの理解の外だったようだな、さあ次いこう。

Aさん　（聞こえぬように）この爺さん、時々寝言みたいなことをいうんだから……。**第16講「環境ホルモンのいま」**

注42　環境省ＨＰ「環境情報の提供の促進等による特定事業者等の環境に配慮した事業活動の促進に関する法律案について」〈http://www.env.go.jp/press/press.php?serial=4761〉。

注43　アンジェイ・ワイダ監督（ポーランド）による名作映画。主人公の名がマチェック。

（2004年5月）は、イラクで人質になったNGOをめぐって自己責任論が世間を賑わせてました。そこへセンセイが借り物のエリート論を引っさげて登場、一席ぶったのが導入編でした。で、そのあと冷房が街を冷やすか暖めるかで、ワタシのことをこてんぱんにやっつけました。

H教授　いやあ、でもそのあとが悲惨だった。専門家やメーカーの人から何通もお便りをもらったんだけど、「熱力学の初歩から勉強しろ」といって冷房が街を冷やす論を真っ向否定する人や、空冷式と水冷式とではどうだとか、専門用語を使ったお便りをいただいたりして、頭が混乱しちゃった。いったんは冷房が街を冷やす論で納得してキミを説教したはずなんだけど、よくわからなくなっちゃった。

Aさん　ふふ、知ったかぶりをしてお説教なんかするからですよ。ついで前講のBSE論の補足があって、メインディッシュは一時世間を騒がせた「環境ホルモンのいま」でした。

H教授　わかりやすいって好評のお便りを何通もいただいた。環境省もSPEED98から、今年3月にExTEND2005[注44]に方針転換、SPEED98にあげた物質リストもなくしちゃった。ただ低用量仮説[注45]についてはまったく否定されたというわけでもないらしく、そのあたりのことを第23・24講でふれておいた。

Aさん　**第17講「SEAの必要性・可能性（付：S湾アセス秘話）」**（2004年6月）では、新石垣空港とSEAが最初の話題で、そのあとセンセイもかかわったS湾アセスの裏話でした。

H教授　面白かったと楽しんでいただけたようだけど、新石垣空港については、

✉（H教授の）「いや、まったくない。耳学問と憶測。だからボクの独断、偏見かもしれないってあらかじめ断っておくよ」というセリフが気になります。いい加減なことを書き、セリフのなかで責任逃れをしているということでしょうか。読者はここに掲載されていれば正しい情報であると信じます。こちらのホームページは影響力が大きい

のですから、確実な情報だけを掲載していただきたいです。

――という苦言をいただいた（首をすくめる）。また、

✉ネタに窮してきましたか？　時評というわりには、古いネタでしたね。

――という寸鉄人を刺すようなご意見もあった。

Aさん　**第18講「キョージュ、無謀にも畑違いの原発を論ず」**（2004年7月）では、第12講でふれた懇談会の報告書を受けたエコツーリズム振興のための環境省の施策を概説しています。

H教授　ただ、国立公園内の利用調整地区とリンクさせてはどうだという意見は具体化されなかった。

Aさん　で、そのあと政府の温暖化対策大綱の見直し状況を話してくれました。

H教授　大綱を引き継ぐものとして「京都議定書目標達成計画」[注46]が今年の4月に閣議決定された。このように温暖化対策は着々と進んでいると言いたいんだけど、進んでいるのはコトバと紙の上だけって気がしないわけでも

注44　化学物質の内分泌かく乱作用に関する環境省の今後の対応方針について（ExTEND 2005）環境省HP〈http://www.env.go.jp/chemi/end/extend2005/〉等。
注45　低濃度のときのみ生体に作用をもたらし、濃度が増すと、作用をもたらさなくなるという仮説。環境ホルモンが問題になったときに提起された仮説。
注46　地球温暖化対策の推進に関する法律の一部を改正する法律の要点〈http://www.env.go.jp/earth/ondanka/giteisho/law_yoten.pdf〉、京都議定書目標達成計画に盛り込まれることが想定されている対策・施策（暫定版）〈http://www.env.go.jp/council/06earth/y060-27/mat04-4.pdf〉等。

ない。

Aさん そのあと、メインの話題として、原発と核燃料サイクルについて持論を全面展開してくれました。

H教授 読者の反応はさまざまだったし、E－Cネットの「Q＆A」ではこれが契機でさまざまな意見が飛び交った。[注47] 読者から直接いただいたご意見は、

✉今回は、環境問題の根本的なエネルギーの話だったのでとてもよかった。しかし、脱化石燃料の方針はわかるものの、そのかわりとなる代替エネルギーについてもう少しふれてほしかった。

✉これからは、各国独自のエネルギー生産が問われる時代だと思う。日本にある資源で持続可能な生活ができればよいが、何かがわからない。風力、太陽光発電、バイオマス等は本当にエコロジーなのかも気になるところ。

――というのが代表的なところかな。面白かったのは、ボクの意見が「原発の危険性を謳うだけで無責任だ」というご批判と、「原発は安全だと強調しすぎだ」という正反対のご批判の両方があったことだ。これで少しほっとした。

Aさん え？　どうして？

H教授 ボクがつくばの研究所にいたときの話だけど、研究者の間では研究者の評価だとか、処遇をめぐって大きく3つの意見に分かれていた。1つは論文を中心とした研究業績によって評価し、処遇に反映すべきだという意見、2つ目は論文の数のようなもので業績を評価するのでなく、環境問題の解決なり環境行政への貢献を評価すべきだという意見、そして最後は後世になってはじめて研究が評価されることもあるのだから、一所懸命研究しているのだったら、年齢に応じた平等な評価と処遇がなされるべきであるという意見だ。それで、ボクが

評価や処遇について、全部を足して3で割ったような私案を公表したんだ。そうすると3つの立場、それぞれから痛烈な批判を浴び、ちょっと落ち込んだ。

Aさん　へえ、鉄面皮なセンセイが落ち込むなんて相当ですね。

H教授　そのときI所長から慰められた。「これでHさんがもっとも公平な立場に立っていることが立証されました」って。

Aさん　なんかヘンな慰めかた。要はセンセイの意見が批判されたんじゃなくて、すべての研究者から単にセンセイが人間的に嫌われてただけじゃないんですか。

H教授　キ、キッミー！（図星を突かれて声が裏返る）

Aさん　いけない、言いすぎちゃった。ジョ、ジョーダンですよ、ねっ、大好きなセンセイ。じゃ、センセイ、もう時間もだいぶ経ったし、あとは来月にしましょうね。サイナラー（走り去る）。

H教授　ア、ウ、ウッ、ウー……。

（2005年11月4日）

「本時評の2年半を振り返る」（第35講〈付：アスベスト最前線その他〉その3より）

H教授　じゃあ、いよいよ「2年半を振り返る　Part3」にいくか。

Aさん　もう2年半じゃなくて3年でしょう。**第19講「キョージュの私的90年代論」**（2004年8月）からですね。

注47　「H教授の原発論に異議あり！」〈http://www.eic.or.jp/qa/?act=view&serial=6862〉。

Aさん　去年の夏の暑さは異常だったから、温暖化が関係してるのかと聞けば、「それはわからないけど、この異常気象が温暖化を加速させる」という驚くべき答えが導入部でした。で、日本は環境先進国か後進国かという問いには、玉虫色の答えで、のらりくらり。参院選で二大政党制を彷彿とする結果の感想を問えば、二大政党制は嫌いだとトンチンカンな答え。つくづくセンセイについたこと後悔しました。

H教授　あ、そう。引き取ってくれる先生がいるんだったら、いつでもどうぞ。

Aさん　某先生から、「ほんとうは引き取りたいんだけど、Hサンに恨まれるからなあ」と体よく断られちゃいました。ちょっと落ち込んだけど、EICネットの「環境Q&A」で「H教授の原発論に異議あり！」という投稿があって、「盛り上がってますよ」と話したら、センセイ、可哀想なほどマッツァオになってましたよね。あれでスッとしたから、もういいんです。

H教授　そんな投稿、あったっけ（とぼける）。

Aさん　（無視して）その後、センセイお得意の役人生態学の一端を披露してくれましたけど、今じゃ通用しない内容でした。

で、やっと本題。パラダイムシフトと言われている90年前後のセンセイの生態を教えてくれました。ミニ下克上の話はちょっと面白かったけど、愕然としたのは、パラダイムシフトを実感したのはいつで何がきっかけですか、という問いに対するホント情けないお答え。

H教授　今日は手厳しいなあ。また振られたか。

Aさん　（再び無視）で、**第20講「喧騒の夏」**（2004年9月）。ソウルのオリンピックでみんな熱狂していたのに、センセイひとりショービジネス

がどうのこうのと、つまんない話で水をかけてました。

H教授 打ち水の話はそのあとだ。だいたいショービジネスじゃないだろう、ショービズム！ これで院生かと思えば情けなくなる。

Aさん ちょっと言い間違えただけでしょう、揚げ足を取るのはやめてください。そのころ起きた関電美浜原発の事故の話題では、日本の二重構造、大企業正社員と、下請け孫請け臨時工という差別構造は変わっていないという話でした。その後が打ち水の話だったんですけど、この最後に数寄屋橋の話をしてくれましたよね。汚濁河川を暗渠化したのが間違いで、もう取り返しがつかないことだって。

でもお隣の韓国、ソウルでは5キロメートルにおよぶ高架道路を撤去し、川を掘って、都心に美しい清渓川(チョンゲチョン)という川を復活させたそうです。簡単にあきらめちゃあダメです。

H教授 まあ、そりゃあそうかもしれない。でもずいぶんカネがかかったろうなあ。未来の世代に借金をしないでやるのなら大賛成だけどね。

Aさん そのあとが、資源は枯渇するかというテーマのお話。「成長の限界」[注48]の悲観論と、ロンボルグ流の超楽観論の両方を批判してました。石油＝非化石燃料説はちょっとおもしろかったです。

H教授 先日、山口大学で地質学の教授をしている高校の後輩に聞いたんだけど、やはり石油のほとんどは化石燃料と考えるのがリーズナブルだろうという話だった。

Aさん そのあと温泉の不当表示の話から、国立公園の利用者数が減少していることへの論評。三位一体改革でごみ

注48　ローマクラブが資源と地球の有限性に着目し、マサチューセッツ工科大学のデニス・メドウズを主査とする国際チームに委託した研究で、1972年に発表された。「人口増加や環境汚染などの現在の傾向が続けば、100年以内に地球上の成長は限界に達する」と警鐘を鳴らしている。

処理施設整備の補助金がなくなるかもしれないと危機感を露わにされてました。

H教授　結局は、交付金化ということで実態上生き延びたけど、またぞろ今年も同じ話が蒸し返されている。コイズミさんも今はやりたい放題だから、そうなってしまうかもなあ[注]。

Aさん　読者の反応はどうでした？

H教授　ま、おおむね好評だった。

✉化石燃料の可採年数について、勉強になりました。非化石燃料説は初めて知りました。また、地方分権とゴミ処理施設の話は非常に興味深く読ませていただきました。地方分権の議論はこういうところ（ゴミ処理等）で環境行政と関わっているのですね。環境行政を捉える視点を広げることができました。

――のようにね。ただ、酷評する意見もあったよ。以前にも紹介したから省略するけど、「うすらぼけの与太話」と延々と罵倒したお便りがあったし、

✉基本的には非常に楽しみにしています。しかし、Aさんの存在があまりにステレオタイプで、いつも邪魔に思っています。今回は1ページ目は何のためにあるのかまったく理解できませんでした。全体の論調も何が言いたいのかよくわからず、今回はかなり不満です。今後も楽しみにしています。

――というお便りもあった。キミがしっかりしてないからだ！

Aさん　八つ当たりしないでください！

H教授　さて、もうすっかり秋になり、**第21講「Hキョージュ、環境行政の人的側面を論ず」**（２００４年10月）です。米大統領選の話や、ロシアが京都議定書を批准しないんじゃないかというピントはずれの予測、なかなか進まない温暖化対策大綱の話が導入でした。ま、大綱はできたし、今じゃ京都議定書目標達成計画として閣議決定されています。

Aさん　だからといってCO_2の排出抑制が進んだわけじゃない。そのあとが普天間飛行場の辺野古沖移設の話だったな。最近の新聞によれば、どうやら在日米軍再編の話がまとまったみたいで、地元住民や自治体の頭越しに辺野古沖から辺野古崎にほぼ決まったらしい。サンゴ礁やジュゴンへの影響は少なくなるかもしれないけどねえ……。

Aさん　そのあとが諫早干拓工事中止仮処分決定の話と核燃サイクルの話で、前者は「高裁でひっくり返るだろう」、後者は「核燃サイクル継続でいくだろう」という予測でしたが、珍しくドンピシャリでした。

H教授　それだけじゃない、「プロ野球2リーグ制維持、新規参入容認」という予測も当たったぞ！

Aさん　（無視して）そのあと環境省３Rプロジェクトの結末の報告があって、本論はそれに関連した役人生態学の本丸、人事とシマ・システムの話。現役時代の仲間内での酒場の話題を恥じらいもなく書いてました。

H教授　いちいちトゲがある言い方だなあ。

Aさん　へへ、美しい薔薇にはトゲはつきものです。

H教授　で、トゲのせいでオトコはみんな逃げ出すってわけか。

Aさん　……（ぐっと詰まる）そんな「バラ話」よりも、読者の反応はどうだったんですか？

H教授　バラ話？　キミのほうがおじんギャグだぞ、いやおばんギャグか（嘲笑）。

Aさん　（ふくれる）おばんギャグで悪かったですねえ。

H教授　はは、ふくれるな。ビボーが台無しだ。いやビンボウ暇なしか。ま、それはさておき、第21講では内容に関連するお便りはなかったが、

✉どんな議論でもそうですが、初めから拮抗しており、その大半は議論終了後も同意見です。そんなとき救われるのは「ENJOY」できる意見です。その意味でこの時評は抜群です。「わかりやすい時事評論的視点」として高く評価しています。頑張ってください!!

――といううれしいお便りがあった。また、これは次の第22講に対するお便りなんだけど、沖縄の話を取り上げたせいか、左の便りがあった。

✉私は現在修士2年で、沖縄の海岸管理や計画に関することを卒業研究のテーマとして取り組んでいます。調査といっても、行政・議員・住民・NPO等の方々に話をきくヒアリングなのですが、H先生のいう「役人生態学」の一面がみれました。たとえば、「関係機関との調整をおこなった」＝「勉強会等をおこなったのではなく、回覧版でまわしてハンコをおしてもらった」ということとか（そればっかりではないと思いますが……）。沖縄の抱える問題は基地や政治やらなんだか複雑ですが、機会があれば前回のように沖縄に対するコメントをじゃんじゃんのっけてください！

Aさん　次、**第22講「環境戦線異状あり」**（2004年11月）です。昨年は異常気象で各地に台風や豪雨の自然災害

が起きましたが、10月は台風23号が襲来、兵庫県豊岡市等で堤防が決壊して大被害、そして中越地震と大災害が続きました。こういう天災時に家屋を失った人たちに復興支援金を送るのは国家の責務だと吼えてましたね。そしてこうした異常気象のなかでツキノワグマが人里に出没する事件が相次ぎました。この原因、遠因、給餌の是非等について論じてくれました。そのあと総合治水という考え方を紹介してくれました。

そのあとロシアがようやく京都議定書の批准を決めたことに言及、ちょうど米国大統領選たけなわのころでした。また、関西水俣病訴訟では国敗訴の最高裁判決が出たんですけど、水俣病の歴史と教訓を振り返りました。

H教授　でも、いまだに環境省は水俣病の認定基準は変えてないみたいだ。ダブルスタンダードと言われても仕方がないね。

Aさん　あとは混迷する廃棄物問題をさらっとふれたあと、共著の宣伝。共著たってセンセイが書いたのは序文だけだったんですけどね。

そして、いよいよ去年の今ごろ、ちょうど1年前の**第23講「2つの山場と三位一体改革」**（2004年12月）です。ブッシュさんが再選されてだいぶふくれてましたね。そのうっぷん晴らしか、環境省の環境税の提案に対してもシビアで、道路特会（道路特定財源を原資とする道路整備特別会計）をガラポンしろとか言ってました。結局またもや先送りになりましたけど、1年後思わぬ形で道路特会の話が出てきました。話題の三位一体改革について手厳しい批判。「惨身痛い改革」だなんて言ってました。日頃は地方主権論者だとかおっしゃってたのに。

H教授　仕方ないだろう。官邸・財務省は財政の論理からの地方切り捨てが見え見えだったし、自主財源がほしいっていう地方側も開発の論理を丸出し。そんななかで、環境が犠牲になるのは目に見えてたもの。

ただ、このときは党内力学から中途半端に終わり、いくつかの補助金は切られたものの、ごみ処理施設は交付金という形で延命。勢いにのったコイズミさんが今年はどこまでやるかだね。

Aさん　センセイの評価は？

H教授　道路特会のガラポンはいいことだけど、あとのものは、やはりネガティブなもののほうが多いなあ。郵政民営化会社の社長に民間人を登用したって評判になったけど、元銀行頭取なんて特権官僚など、比べものにならないほどのカネと権限を持った人たちだぜ。

Aさん　はいはい、そういう話はその程度でおしまい。で、メインディッシュは国立公園と地方分権の話。レンジャーとしての自己史を振り返って、国立公園は国・県・市町村・住民等関係者すべてでつくっていく「くに＝ｃｏｕｎｔｒｙ」の公園なのに、国＝環境省だけが管理するという誤った地方分権論が、国立公園をガタガタにしてしまうんじゃないかと嘆いておられました。

それから環境ホルモンについては、前提になる低用量仮説自体が学会では否定的だと第16講で言ったばかりなのに、低用量仮説を裏づけるかのようなＴＶ放映に目をシロクロ。研究者はコメントを発表しろと喚いていました。ふう、やっとこれで去年のぶんが終了。そして我々も今年はお役ゴメンですね。

H教授　連載の都合上はね。実際には年末にもう1回あるけどね。

Aさん　クリスマスのときはやめてくださいよ。アタシャ、今年こそ素晴らしいイブを……。

H教授　（遮って）去年も最初はそう言ってて、結局行くところがないからイブの日に漫才したんじゃないか。

Aさん　（赤面）……。

（2005年12月1日）

注。2015年現在も交付金として存続している。

「本時評の2年半を振り返る」（第36講〈付：2005年環境10大ニュース〉その4より）

Aさん　うーん、この調子じゃあ2006年もけっこういろいろありそうですね。ところで、「2年半を振り返る」ですが、もう3年過ぎちゃいましたよ。さっさと今回でかたづけましょう。

H教授　（小さく）かたづけてしまったら、来月からのネタ探しがたいへんになるじゃないか（ブツブツ）。

Aさん　（無視して）まずは**第24講「2005——地方の時代のために」**（2005年1月）ですね。ちょうど1年前です。ブエノスアイレスで2004年12月開催されたCOP10が最初の話題。適応策を話し合うためのブエノスアイレス作業計画が決まったけれど、第2約束期間については米国の抵抗で議題にすら上らなかったと嘆いていました。

H教授　1年後、ついこのあいだのCOP／MOPで、ようやく米国も含めて第2約束期間について対話をする委員会の設置が決まったばかりだ。[注p]

Aさん　EU諸国では脱化石燃料を視野に入れた数十年先の超長期ビジョンを作成している、日本もそういうビジョンづくりを真剣に考えねばダメだと力説されてましたね。

H教授　だって日本の長期ビジョンなんて、ただ願望を寄せ集めただけだもん。もっとも基礎となる人口予測だって、甘めに甘めに見積もってるから年金も破綻するんだ。先日、データが発表されたけど、ついに昨年は一昨年より人口が減少した。ついに人口減少時代に昨年から入ったんだ。財政だって似たようなもんだ。基礎となる経済見通しも願望が入り混じっちゃってて……。

Aさん　その財政の話なんですけど、大増税時代がやってくるのに環境税だけはまた見送りだと嘆いてました。そして２００６年度もまた見送り。センセイ、やけくそになって「日本も米国みたいな巨大な途上国になるつもりか！」と激昂しておられました。「米国＝巨大途上国」なんて、初めて聞きました。

H教授 ボクが言ったんじゃない。国連大学の安井至先生の説を紹介したんだ。

Aさん で、本線が地方自治体の環境行政論。出向時代の経験談なんかも交えてのお得意の役人生態学地方版でした。しきりに、これからの環境行政は地方にかかっているとアピってました。読者の反応はどうでした？

H教授 いくつかあったよ。

✉地方自治体の環境研究所の研究職員です。……私の自治体でもこの講座を愛読している行政官（なかには教授をご存知の方もおられます。）もおり、今年度から企画部門を兼務し、専門の研究以外の勉強を始めた私にとってはまさに教授の談話（すいません。講義とはまだ言いきれません）として大変勉強になっています。厳しいＮＧＯ等の方からの意見もあるようですが、環境行政（私はバランス上、研究者の立場を変えるつもりはありませんが）全体（もちろん私も含まれます）のため、先達のアドバイス、批評としてこれからも続けていただければ大変うれしく思います。もし、可能であれば、地方自治体の環境研究所（なかには大学の先生以上の自負を持ってる方もおられます。）の役割について思うところがあれば非難を恐れずに言及していただければ幸いです。

——というお便りがあったし、

✉「時評」になっているのかはやや微妙ですが、「環境行政」論としては、非常におもしろいですね。国と地方（県）との違いがよくわかるようです。

――というお便りもあった。

Aさん　じゃあ、次。**第25講「エイリアンを巡って――外来生物法雑感」**（2005年2月）です。

2004年末に起きたスマトラ沖の大津波や発効間近だった京都議定書の話題にさらっとふれたあと、三宅島の帰島に関連して火山等の自然汚染をどう考えるかの話。そして、2005年度環境省予算案の概説ではずいぶんネガティブな評価でした。アクティブ・レンジャー[注49]制度や地方環境事務所の創設にエールを送って、本論がオオクチバスの特定外来生物指定を巡る考察でした。センセイは指定賛成派でしたが、ずいぶん非難のお便りが届きましたよね。

H教授　うん、この講はお便りが多かった、バス擁護派の方のものはさっそく第26講で紹介したけど、それだけでなく、左に始まる長文の、養殖漁業まで全否定されるようなウルトラ保護派の方からのお便りも何通かあった。

🖂そういう考え方（野外に侵入・定着する恐れのないものまで闇雲に規制することはできない）は環境破壊（誤解を生みやすい言葉ですが）を容認する意見のように思われます。

Aさん　でもこういうお便りもあったじゃないですか。センセイ、うれしかったでしょう。

🖂なんと妥当かつ中庸な。自然保護原理主義でも、わがままの理論武装でもない意見には心が洗われるようでした。NIESのG先生を思い出しました。T－UのW教授には時々ついていけないけれど、これならば！

注49　レンジャーを補佐し、国立公園内のパトロール、調査、自然解説や地域のパークボランティアとの連絡調整などを行う環境省の非常勤職員。1年更新で最大4年間の勤務が可能。

H教授　それよりも、G先生ってだれだろう、W教授って誰だろうと思っちゃった。あと、本講ではアクティブ・レンジャーへの期待を述べた。これは第27講へのお便りだけど、

✉今年私はA・レンジャーに申し込みをします。そのための勉強もしていますが、この講座は楽しみながら参考になることも多いです。では、またの講座を楽しみにしていますね！

――というのがあった。今ごろ、A・レンジャーとして活躍されてるのかなあ。

Aさん　**第26講「国土計画と自然保護」**（2005年3月）です。ゼミ旅行で行った辺野古の話が冒頭です。激しい反対運動が起きていたんですが、今は、沖合いではなく辺野古崎埋め立てということで政府としての結論を出したようですね。

H教授　反対派の人はもちろん、地元や自治体の頭越しにね。どうかと思うよねえ。

Aさん　で、そのあとが前講に引き続いてバスの話。擁護派の人のお便り紹介とそれへの所感等で、センセイ、だいぶ困惑されてましたね。京都議定書発効を受けての最新動向を紹介、論評されたあと、本論です。まず、全国総合開発計画、通称「全総」が廃止になる話題で、ついで土地利用基本計画の仕組みを紹介され、個別法を追認するだけの形式的な上位、先行計画にすぎないと喝破されてました。

H教授　役に立つ面もあると言ったはずだ。それから全総のようなものでなく、第24講その1で取り上げたような超長期ビジョンが必要だとも言ったぞ。

Aさん　役に立つってのは国土利用の動向を知るデータベースとしてですよね。で、そのあとその土地利用基本計画の5地域区分の1つ「自然保全地域」と連動する自然環境保全法の保全地域の指定がなぜ進まないか、ご自分

の反省をふまえて論評されてました。

H教授 うん、白神山地の調査にマタギの人の案内で1週間も山に入り、その結果をふまえて林野庁と指定の交渉をしようと思ったんだけど、まるっきり門前払いの扱いで口惜しかったなあ。

Aさん そして最後がセンセイの書かれた私説・環境庁30年史のPR。[注50]なんか反応、反響ありました。

H教授 ぼくのホームページにもアップしたんだけどなあ。

Aさん なかったんだ。じゃ、本講への読者の反応は？

H教授 この講は少なかったなあ。本論と直接関連するお便りとしては、左のようなものがあった。

🖂全総って、まだあったんですね。そういえば、学生のころ、勉強した覚えがあります。あのころ「国の長期計画か、ちゃんと勉強しておかないとな」と名前だけは刻み込んだのを覚えています。内容はさっぱりですが。今、ワープロ変換で出そうと思ったところ、出てきたのはAさんがボケたように、「前奏」「前走」「禅僧」等。そんなもんなんでしょうね。

🖂ところで、スウェーデンのナチュラルステップ等、「真の超長期ビジョン」というか、指針になるような目指すべき社会像に対するイメージの明確化・共有は、とても大事だし、今の世の中にとって必要なんだろうと思います。先生にとっては、どんな社会像なんでしょうか。いつか、ぜひ取り上げてください。いろんな既存のビジョンの総覧をしつつ、持論をご紹介いただくという形もおもしろいのではないでしょうか。

注50　久野武「日本の環境庁行政の総括・序説——韓国との対比のために」。『韓国社会と日本社会の変容』（服部民夫・金文朝 編、慶應義塾大学出版会、2005）に収録。

Aさん　センセイ、宿題が出されましたよ。ところでナチュラルステップってご存知でした？

H教授　……さ、次、いこう。**第27講「道東周遊随想と愛知万博」**（2005年4月）だったな。

Aさん　今回は人妻同伴で行かれた道東旅行の話がきっかけで、突然訪問して散々お世話になった、というか迷惑をかけた釧路地区自然保護事務所へのご恩返しで、知床世界遺産登録をめぐる事務所の奮闘振りを取り上げています。もちろんセンセイのことだから北方四島やムネオさん[注51]に絡めて国家概念は虚妄だとか、いっぱい脱線してますけどね。

H教授　へん、ちゃんとこういうお便りがあったぞ。

✉竹島や、北方領土について、私も国家間の利害にとらわれることなく、できればH教授が言われたような双方の国が共存できる特別地区にできれば、とよく思っていました。

Aさん　でもこのお便りだって、国家は共同幻想にすぎないなんて言ってないじゃないですか。で、そのあとが愛知万博。環境をテーマにした初めての万博だったけど、センセイの評価は低かったですね。結果的には大入り満員だったですけどね。

H教授　だから、興行としての成功と真の意味での成功は違うと言ってるの。こういうお便りもあったじゃないか。

✉愛・地球博では、飲食店ででんぷんからつくった生分解性プラスティックが使われていると聞いています。生分解性プラスティックはパソコンへの使用も増えていて、この材料となるでんぷんを取るために、とうもろこし畑をつくっているという記事も読んだことがあります。生分解性プラスティック使用は、「環境にやさしく」聞こえますが、廃棄後の処理が焼却であれば、あまり生分解性であることの意味はありませんし、また、なにより食糧が足りない国があるなかで、食べ物（でんぷん）をこのような形で使うことには大きな抵抗を感じます。また、このでんぷんを得るための森林等の乱開発も懸念されます。

Aさん そのお便りは最初のお便りの続きじゃないですか。それに生分解性プラスチックへの疑問を述べてるだけで、別に愛知万博そのものにネガティブな評価なんてしてないじゃないですか。

H教授 そうそう、こういうお便りもあった。

✉今話題になっている万博や領土問題についてマスメディアの報道とは違った角度から見ることができて楽しく読みながら参考になりました!! これからも頑張って続けていってください!!

Aさん で、最後が環境省国会提出法案の概要と論評でした。さ、いよいよ**第28講「有機汚濁と水質総量規制」**（2005年5月）です。JR福知山線の大事故が冒頭だったですねえ。

H教授 うん、悲惨な事故だった。改めてご冥福をお祈りしよう。

Aさん 前講に引き続いての万博話。コイズミさんの指示で弁当持ち込みを認めた事務局に怒ってましたね。「上の声より、下々の声を聴け」って。あと水俣病では、環境省はダブルスタンダードじゃないかって一言。そしてバスがついに特定外来生物に指定されたとの報告のあと、今回は延々と水質総量規制と水質指標の話をされま

注51　鈴木宗男新党大地党首のこと。北海道の自民党代議士だったが、実刑判決を受け、失職。

した。でも、それは専門家のご意見を伺うためだと聞いて、アタシャ、ハラワタが煮えくり返りそうになりました。さぞかし、酷評がいっぱい来たでしょう。

H教授　いや、反響は乏しかった。でも漁師の方からお便りをいただき、それを第29講で紹介したら、すごい感謝のお便りをいただき、かえって恐縮した。

Aさん　へん、**第29講「目に青葉、山ホトトギス、MAY（迷）時評――水難事故、諫早干拓、レジ袋、フロン四題噺」**（2005年6月）にいきます。

いつまでたっても福知山線が開通しないので、怒りを爆発させてましたね。そのあとが水難事故の話題で、管理責任と自己責任の原則をきちんとしておくべきだとの宣託。それからレジ袋有料化談義と諫早干拓の工事中止の仮処分決定に関連して、諫早干拓の自説を開陳してくれました。それから前述の漁師さんのお便りの紹介とコメント。そのあとが本時評初めてのフロンとオゾンの話を延々としてくれました。でも肝心のところは「不論」だの「大損」だのという愚にもつかないダジャレで誤魔化して、またしても信用を落としました。

H教授　う、うるさい。

Aさん　で、読者の反応はいかがでした？

H教授　ほとんどなかったなあ。アンケートが3通で、「わが意を得たり」「目からウロコ！」「少し参考になった」が各1通。ご意見では、左があった。

✉ノンフロン冷蔵庫の冷媒は、カセットコンロ等に用いられるブタン・イソブタンという可燃性炭化水素です。環境問題を考えるあまり、基本的なユーザーの安全性が無視されている現実を取り上げてほしかったです。

Aさん　センセイは環境のことだけ言ってて、安全性のことを無視したわけじゃあないんですよ。ただ無知なだけだったんです。

H教授　無知なボクに教えを請うキミはさしずめ無知無知じゃないか。そういえば、キミ、肉付きもよくなったなあ、ムチムチとしてるよ。

Aさん　セクハラじゃないですか、センセイのバカ！　そういうのを厚顔無恥っていうんです！

H教授　そういえば昔、紅顔の美少年と言われたなあ。

Aさん　ええい！　さあ、**第30講「リサイクル戦線、浪高し」**（２００５年７月）です。去年の梅雨は空梅雨でしたが、その話題が最初。それに関連して、えげつないひっかけ問題を出してくれましたよねえ（恨）。

H教授　せめて中学生程度の社会科の知識はあると思ってたんだけどねえ。

Aさん　う、うるさいんです。ま、とにかく無事、第30講まで続いたというんで、お互い感慨に浸ってました。そのあとはレジ袋有料化の法制化方針が決まったという話に始まり、容器包装リサイクル法見直しの現段階を概説、そして中国へのペットボトル流出の意味するものを論じてました。

一方、ＥＵの動向ってことで、ＷＥＥＥ指令やＲｏＨＳ（ローズ）指令の話題。三重で発覚した産廃不法投棄や国立環境研究所公開シンポの話等。で、最後が温暖化対策最前線ということで、トリが「デ・カップリング」の話でした。

H教授　読者からのお便りでは、

✉ドイツと日本のＧＤＰと二酸化炭素排出のグラフ、すごくためになりました。日本はＩＳＯ１４００１取得団体数が世界的にみても異常に多いのに、なぜドイツのようにいかないのか？　所詮、日本は口先だけの国の気がしてきてなりません。

✉私は、ISO14001の事務局をやっていますが、結局煙たがられ、環境負荷を本当に軽減させようにも、理由をつけられ骨抜きにされてしまうということを多く経験していますが、それは弊社だけでなく日本全体の問題だったのかと気づくことができました。悲しい現実ですね。

——というのがあった。また、30回を迎えたというので、

✉30回連載おめでとうございます。ネタ切れ、息切れ等といわず、これからも50回、100回目指して連載を続けてください。期待しています！　書籍化もぜひ実現してください！　買います！　期待してます!!

——とか、

✉書籍化賛成に1票。活字になる意味は大きいと思いますよ。

——というのがあった。EICのM専務！　これだけじゃなく、今までに「絶対買うから書籍化しろ」という読者のお便りが2桁もありましたよ。真剣に考えてください！　ボクも明後日で61歳。せめて1冊くらい単行本を著わして父母や兄の墓前に捧げたいんです。

Aさん　（涙ぐんで）そうですよねえ。印税なんかなくてもいいですから、老い先短いセンセイの願いを叶えてあげてください。ワタシからもお願いします。ところで、2桁って？

H教授　（胸を張って）10人だ！

Aさん　（がっくり）……もう終わりましょう。疲れちゃったわ。それじゃあ、読者の皆さま、よいお年を。

H教授　新年だと言ってるのに……。

（2006年1月5日）

注p　京都議定書では2008～2012年を目標年次（第1約束期間）としており、それから以降をどうするかが第2約束期間とか、ポスト京都として問題になっていた。2012年のCOP18で、2020年まで京都議定書を延長することとしたが、日本、ロシア、カナダはこの延長京都議定書に参加しなかった。

第5章　テーマ別時評抜粋

本章では、左記のテーマ別に、時評を抜粋して紹介します。

1　温暖化＝気候変動
2　原子力発電とエネルギー政策
3　生物多様性・自然保護・国立公園
4　廃棄物・リサイクル
5　水俣病
6　公共事業と環境アセスメント
7　アスベスト
8　役人生態学と画期的な（?）政策提言

1　温暖化＝気候変動

温暖化＝気候変動やエネルギー政策にかかわる話は第1部で見たように、デビュー時評でも「2014・春」でも取り上げていますし、この環境行政時評シリーズのなかで、もっとも多く取り上げている話題です。

ＩＰＣＣレポートが発表されたり、ＣＯＰが開催されるたびに取り上げていますし、環境税や自然エネルギーについての固定価格買い取り制度等あらゆる政策手段を導入するとともに、エネルギー需要抑制型社会を構築することを主張しています。

京都議定書の目標排出量の対90年比マイナス６パーセントは達成不能と断言していますが、現実には京都メカニズムを活用してではあっても達成しました。ただ、それは排出抑制策が効を奏したのでなく、リーマン・ショックによる不況が原因だったことに、苦い感慨を抱いています。原発を温暖化対策として位置づけることに反対するとともに、延長京都議定書に加わらなかったことを厳しく論難しています。

デビュー講で導入すべしだし、導入必至だとした環境税＝炭素税は、何度も何度も先送りにされますが、ようやく２０１２年に「温暖化対策税」として導入されました。ただ、その税率があまりに低すぎることや、やっと導入された自然エネルギー固定価格買い取り制度ですが、例外規定により、尻抜けを許していることに憤っています。

「拡大～」と称する政策提言を本時評では再々やっていますが、同シリーズの「拡大国内排出権取引制度」の政策提言を紹介しておきます。

低炭素社会に向けて　拡大排出権取引（第51講「キョージュ、【拡大】国内排出権取引制度を論じる」から）

Aさん　じゃあ、日本もそれにつられて環境税が導入されるってことですね。

H教授　さあ、それは特会（特別会計）見直しと絡んでの厄介な制度設計、それに直接の税負担をイヤがる産業界の抵抗もあって、そう簡単にはいかないだろう。でも、そうなったとき、ボクにはそれに関する秘策があるんだ。

Aさん　へえ？　どんな？　「化石燃料の輸入制限」だとか、「電気代等のエネルギー使用料の累進性」なんて夢物語はだめですよ。

H教授　「拡大国内排出権取引制度」だ。大発生源にまず排出可能量つまりキャップを割り当てる。キャップを決めるのに少しもめるかも知れないが、そのころにはインベントリー[注52]も整備されているだろうし、外圧もあることだからアメも同時にセットすればなんとかなるだろう。

Aさん　そんなこと言ったって、国内企業の省エネ努力は限界にきているらしいし、そう簡単にいかないんじゃないですか。

H教授　うん、だからキャップの決められた企業はこぞってCDMに乗り出す。今だってその兆候は出ている。

Aさん　でもCDMって海外の適当な案件発掘もそう簡単じゃないみたいだし、折衝も大変なんじゃないですか。

H教授　だから「拡大」排出権取引制度と言ったろう。つまり、国内版CDM制度が動き出す。

Aさん　はあ？　なんですか、それ？

H教授　省エネが限界にきているのはキャップが決められるような大発生源に限られるんじゃないかな。たぶん、それ以外の中小発生源はそれほど排出抑制策が取られていないんじゃないかな。だからそうした中小発生源の排出抑制に協力した場合、その抑制量を協力したキャップのある大発生源の抑制量にカウントする制度を作る。メディアもそういう企業に対しては好意的な報道をするだろうから、一気に国内CDMがブームになって、競争がはじまる。日本は伝統的に大企業と中小企業の二重構造と言われていて、格差拡大の一因はそこにあるんだけど、それが国内CDMによって、一挙に解消に向かうかもしれない。

Aさん　……（呆然と聞いている）。

注52　目録のこと。ここでは温室効果ガスの排出量および吸収量の実績を排出減・吸収源ごとに示した目録を指す。

H教授　それだけじゃない。そうなるとアイデア競争になるから、中小発生源だけじゃなく、たとえば熱心なＮＧＯやコミュニティと共同しての自然エネルギー開発にも力を入れるだろう。さらに吸収源も抑制量にカウントするようにすると、吸収源対策にも乗り出す。これまで何度も言ってきたように、日本には戦後のスギ・ヒノキの一斉造林された人工林で今や放置林化したところがいっぱいあるし、中山間地域には休耕田畑が藪化したところもいっぱいある。そうしたところでも企業と市民による健全な森づくりが始まる。放置林を計画的に伐採して、出てくる膨大な材はバイオマス発電にも使える。生物多様性の回復にもつながるし、一石二鳥じゃないか。

Aさん　それをみんな大発生源の企業がやるんですか。じゃあ行政は何をするんですか？

H教授　行政はカネがない。なんせ８００兆円以上の借金を背負っているんだから。だからキャップの決まった大発生源に関して抑制量に見合う減税をするシステムをつくるのが行政の役目。役人はカネよりアタマを使うんだ！

その減税分を補填するための薄く広い増税をすればいいんだ。制度設計の大変な環境税――炭素税――でなくても、水源税みたいなものでもいいかもしれないし、税金を払うのがイヤな人は、年に１日森づくりの労働奉仕にかえたっていい。そうなると市民の価値観やライフスタイルも変わってくる。２０１２年、つまり京都議定書の第１約束期間の最終年度には一気に大幅カットできて、国際公約をクリアできるかもしれない。

Aさん　センセイ、冗談もすぎますよ。まるで夢物語。ひょっとすると熱があるんじゃないですか（額に手を当てようとする）。

H教授　こらこら、逆セクハラだぞ。まあ、いいじゃないか。今日は4月1日、つまりエイプリルフールだ。

Aさん　……。

（2007年4月5日）

この提言については読者から次のようなお便りをいただいています。

✉「拡大国内排出権取引制度」ですか。「エイプリルフールだ」と冗談めかしていますが、これはなかなかすごいアイデアですね。まあ、環境税や（拡大ではない）排出権取引の実現にさえ大きな抵抗があるなかでは、なかなか産業界の理解や納得を得るのは難しいかもしれませんが。

参加・実現したときに、どんな旨味が見出せるのかというあたりがイメージできるように示せると、実現の芽も見えてくるのかもしれません。全国一斉にというのが難しければ、特区制度でも利用して、ある範囲内でモデル的にやってみると、具体的なアイデアや課題が浮き彫りになるんでしょうね。

ぜひ、実現してほしいと思います。

なお、国内排出権取引制度は依然として試行段階の政府を尻目に、東京都で条例を策定して実施に踏み切りました。また鳴り物入りの太陽光発電への補助金制度にも異議を唱えています。

太陽光発電普及策の検証（第79講「新たな政策形成回路創出に向けて～わが国の政権運営の行方は～」から）

H教授　じゃあ、具体的な政策論にいこうか。たとえば、太陽光発電の普及策として、経済産業省は余剰電力を電力会社が従来の倍で買い取るように義務づけるようだし、それだけじゃなく設置者への補助金も復活させた。太陽光だけでなく、他の自然エネルギーもそうすべきだという話はあるが、それはひとまず置いておこう。一方では、自治体でも太陽光発電設置のための補助金制度を設けているところがあり、太陽光発電ブームに乗って予算は一気にパンクしそうだ。現にパンクした自治体も続出している。自治体はどうすればいい？

Aさん そりゃあ、太陽光発電を普及させることが温暖化対策としていいことなんだから、国は補正予算を自治体に手当てしてでも、普及に全力をつくすべきじゃないですか。

H教授 そんなことすればいくらカネがあっても足りなくなる。そういうのをバラマキというんだ。地域によっては国、都道府県、市区町村の３つから補助がもらえるところもあるそうなんだけど、それでも初期投資にはウン百万円必要だ。で、10年か15年で元がとれるという話なんだけど、何だか少しおかしいと思わないか。

Aさん どこがおかしいんですか。

H教授 つまりウン百万円を用意できる人たちへの優遇策じゃないか。格差拡大につながるとは思わないか。

Aさん そりゃあ、まあ、そうかもしれませんが……。じゃあ、センセイはどうすればいいと？

H教授 自治体、特に市区町村レベルでは独自でできる温暖化対策はほとんどない。そんなときに割高な太陽光発電への補助策はパフォーマンスとしての意味はあった。でも国が倍額の買取を電力会社に義務づけるんなら、自治体は、そして国も、太陽光発電設備設置のための補助金等やめて、そのカネを別の方面に使うべきだ。

Aさん でも、それだったら普及に弾みがつかないんじゃないですか。

H教授 そのかわりに、貧しい人でも設置できるよう、無利子、あるいは低利子で太陽光発電設備の資金を融資するようにすればいいじゃないか。10年か15年で元がとれるということは、設置後も設置前と同じように毎月の電力料金相当額を10年か15年払い続ければ返済できちゃうということだろう。行政に新たな負担が生じるわけじゃない。

（２００９年７月30日）

2　原子力発電とエネルギー政策

3・11までは環境省は原発にノータッチでしたが（公害関連諸法や環境省設置法にも「原子力災害を除く」と明記してありました）、ぼくは鹿児島県に出向し、公害規制課長をしていたとき、愚劣な行革とやらで、原子力安全対策室長を併任することになりました。川内原発の安全性の確保に県の立場から取り組むという建前ですが、モニタリングだけで、たいした仕事はありませんからと引き継ぎもほとんどありませんでした。それからひと月もたたないうちに、チェルノブイリの惨劇が起き、以降必死になって勉強しました。おかげで環境庁の誰よりも原発に詳しいという自負もありましたし、原発に一家言を持つようになりました。

時評でもフクシマ以前から再々原発を取り上げました。第18講（２００４年7月1日）ではタイトルも原発にして真っ向から取り上げ、概説と自分の体験からの避難訓練のナンセンスさを描いています。そしてリスクは小さいというものの、なんとはない不安を隠していません。

原発のリスク（第18講「キョージュ、無謀にも畑違いの原発を論じる」から）

Aさん　へえ、じゃ事故の危険性はどうなんですか。

H教授　通常は限りなく安全、リスクはきわめて小さいけど、絶対ってものはないからなあ。フェイルセーフだとか、多重防護だとか、ＥＣＣＳだとかいろいろやってるけど、スリーマイルだとかチェルノブイリだとかの惨事が現に起きているし、原発そのものじゃないけど、数年前に日本でもウラン濃縮工程でとんでもない事故が起きて、死者も出たもんなあ。それとねえ、他のものなら最大の惨事の程度がだいたいわかるんだ。でも原発の場合、それがわからない。だから余計に不安になるんだ。地震のことは当初から計算しているらしいけど、テロリストが小型原爆を原発に落としたらどうなるのか、隕石が直撃したらどうなるのか、こうしたことを考えると、既知のリスク論だけではなかなか片がつかない。

Aさん　どういうことですか？

H教授　たとえば、新幹線や飛行機事故の最悪のケースは乗客が全員死ぬことだよね。ま、飛行機が都心に墜落すればもっとひどいけど、それでも想像力の範囲内だ。いずれにせよ、多く見積もっても数千人の死者だろう。原発の場合、それがわからない。わかっているのかもしれないけど、安全性を強調するばかりで、そんな試算を目にしたことがない。

（２００４年7月1日）

そして**第45講「安倍内閣発足と日本の超長期ビジョン」**（２００６年10月5日）では自然災害、とくに火山と地震のリスクに言及するようになります。以下、３つの小節を再録します。

総合治水と水辺の高密度利用（末尾）

Aさん　総合治水の考え方ですけど、それだとリバーサイドだとか、ウォーターフロントの高密度利用を避けろということになりません？

H教授　もちろん、そうだよ。日本は台風も多いし、高波や地すべり地帯も多い災害列島なんだ。治水、つまり堤防だとか護岸だとかはもちろん必要だけど、それに１００パーセント頼ることはそもそも不可能だという認識に立つ必要がある。

激動の日本列島

Aさん そんなことを言えば、地震や火山だってあるでしょう。

H教授 もちろんそうだ。先日、石黒耀という火山マニアが書いた『死都日本』『震災列島』というパニック小説を読んだけど、ますますその感を強くした。

Aさん どういうことですか。

H教授 地球科学的に言えば、日本列島の下では北米プレート、太平洋プレート、フィリピン海プレートの3つのプレートがせめぎ合いながら、ユーラシアプレートの下に潜り込もうとしている。つまりニッポンは地下で4つのプレートがひしめき合い、衝突している。だから世界でも稀な火山と地震の巣になっているんだ。

幸い20世紀は比較的平穏無事で、多くの死者を出したのは関東大震災と阪神大震災ぐらいだった。でも21世紀はどうなるかわからない。『震災列島』によれば、関東の大地震、富士山の噴火、東海地震、南東海地震が連鎖反応的に起きることも考えられる。統計的に言えば、今世紀の前半に関東と東海で大地震が起きることになる。

さらに破局噴火ともいうべき超火山（スーパーボルケーノ）爆発だって、過去10万年に何度も起きている。たった1度の噴火で南九州全体を覆うシラス層ができちゃったんだ。『死都日本』は霧島山が吹っ飛ぶ破局噴火が起きたら……というパニック小説だけど、たった1日で何百万の死者が出て、西日本は数日で機能不全、東日本も安泰ではなくなるという恐ろしくリアルな物語だ。

Aさん 要は何が言いたいんですか？

原発とエネルギー

H教授　日本の繁栄は都市化・工業化と東京への一極集中がもたらしたものなんだけど、百年、千年単位での持続可能なニッポンということを考えれば、それらからの脱却を考えなきゃいけないということだ。世界の大都市はニューヨークにせよ、ロンドンにせよ、安定した地塊の上にあるんだけど、日本は違うんだ。だったら欧米型のまちづくりに追随するのではなく、日本型の安定と繁栄を考えなくちゃいけない。

H教授　災害等のあと、簡単にリセット可能だった江戸時代のまちづくりや暮らしに学ぶことは多いと思うよ。繁栄にはエネルギーが必要だというんで、原発を日本各地につくってきたけど、そういう意味では恐ろしいと思うよ。フォッサマグナや中央構造線のすぐ間近につくっちゃったなんて、信じられないよ。

Aさん　だからこそ、原発については耐震指針があり、9月19日には耐震指針も強化されたじゃないですか。

H教授　万が一の事故のときでも、飛行機や新幹線の事故ならば、一過性なんだ。ところが、原発事故が起きたら半永久的に日本列島の相当部分に人が住めなくなってしまう可能性だってないとは言えないんだぜ。想定をはるかに上回る直下型の大地震が起きたらどうなるか、ぞっとしたよ。

（２００６年10月５日）

この時評からしばらくして中越地震が起き、柏崎刈羽原発の火災がＴＶ画面を通して報じられ、原発に対しての不信感をますます大きくしていきます。**第55講「政治の空白に直面する環境政策――と標題だけは大げさに」**（２００７年８月９日）から一部を抜粋します。

中越沖地震と柏崎刈羽原発

H教授　（２００７年）７月16日に中越沖地震が発生、死者は少なかったものの、今も多くの人が避難所暮らしで、水道・ガス等のライフラインも一部ではまだ復旧してないようだ。

被災者の皆さん、心よりお見舞い申し上げます。

Aさん　で、その地震で柏崎刈羽原発も火災だの、放射能漏れ等があって大騒ぎになりましたね。

H教授　うん、それが今度の選挙で安倍サンにトドメを刺したと言っていいかもしれない。

何といっても、東電の対応も国の対応もあまりに悪すぎた。まず変圧器の火災では自治体の消防車が来るまで何の対応も打てず、発電所の消火機能・体制がゼロだということを満天下に知らしめた。しかもその言い訳が、「想定外」の大地震。原発の場合、「想定外」のことなどそもそもあってはならないことだ。活断層等の立地調査がいかにいい加減なものだったかが露呈してしまった。

当初、「放射能漏れはない」と発表しておきながら、実はあったことも判明した。「発電所本体は無事」と言っておきながら、実は発電所屋内のクレーンの破損等が、その後に見つかっている。早々と国の原子力委員会委員長は内部調査もせずに、「原子炉本体は無傷で安全機能は維持されている」などと言っているが、こんな調子じゃあ、アテにはならない。廃炉も視野に入れて、何年かかろうと徹底的に検査したほうがいいだろう。記者が東電社長に「責任は？」と聞いたときに、社長が傲然と「何の責任？」と聞き返す姿がテレビで放映された。心証が悪すぎる。これで

原発の信用は地に落ちたね。

Aさん でもこれから真夏、電力供給は大丈夫なのですか。

H教授 うん、だから他の火力発電をフル稼働させたり、福島原発の定期点検を先送りして稼動させたり、よそから買電してなんとか凌ぐつもりらしい。でもねえ、こんな事故があったんだから、全国の原発を一斉にストップさせて緊急点検をさせるのが本来じゃないかな。定期点検先送りなんて、とんでもない話だと思うよ。

Aさん そんな無茶な！　停電が頻発して、大混乱に陥っちゃいますよ。

H教授 前にも言ったけど、日本は地震と火山の巣なんだ。どこの原発でも「想定外」の大地震がくる可能性があるし、どこの原発でも同じような状況にあることは間違いない。だとすれば、安全が第一優先じゃないか。エアコンなしで、汗をだらだらかきながら打ち水したりと「スローライフ」とかいうのを経験するのも悪くないだろう。40年前までは皆、そうしていたんだ。我が家では今だって、来客のとき以外はエアコンを使っていない。

Aさん そりゃセンセイがケチなだけでしょう。大学の研究室じゃあ遠慮なくエアコン使ってるじゃないですか。

H教授 ……うっ、うるさい。今度の原発事故は国際的に話題になり、IAEA（国際原子力機関）が緊急調査を申し入れた。それをいったんは断っておきながら、新潟県知事が異議を申し立てたりして世間の批判を浴びると、あわてて受け入れを表明する等、国のほうの対応もあまりにお粗末だ。

ところで、各原発の近くには「緊急事態応急対策拠点施設」――略称オフサイトセンターという国の施設があって、ここがそういう緊急時の対策本部になるはずなんだ。当然柏崎刈羽原発にもあるんだけど、ネット情報によると、今回の事故ではまったく機能しておらず[注q]、本部も立ち上がらなかったそうだ。事実だとすれば、まったくのムダガネだったよねえ。11億円をかけた施設だというのに……。

（2007年8月9日）

注q　フクシマでもまったく機能しなかった。

本時評の原発への基本的なスタンスは、「事故が起きる確率は低いというものの、スリーマイルがあり、チェルノがあったから、これからも何が起きるかわからないし、万一起きた場合を考えると恐ろしい。日本は地震と火山の巣のようなところだし、そもそも「トイレなきマンション」（放射性廃棄物の処分のことを考えずにつくった原発を揶揄していうコトバ）など本来立地すべきでなかった」というものでした。せっかくのGWをチェルノでつぶされた怨みがあるのかもしれませんが、原子力安全対策室にいながら穏健な脱原発派という立場になり、それをフクシマ以前から書いていていました。

3・11は、結果的にはぼくの懸念は正しかったことを追認しましたし、そしてそれから以降の推移をみて、脱原発志向はさらに高まったと言えるでしょう。それは第一部の時評「2014・春」を読んでいただければおわかりかと思います。フクシマで東日本壊滅にいたらなかったのは、たぶんに僥倖、そして当時の総理の菅サンと故・吉田所長の頑張りによると評価しています。もちろん故吉田所長を免責するわけにはいきませんが、もっと責任の大きい東電本部や安全保安院、安全委員会、文科省（なかでも旧・科技庁）、の体たらくには愕然としました。

なお、脱原発派の一部にみられる「温暖化陰謀説、温暖化など心配ない論」だとか、どんな微量でも放射性物質が検出された廃棄物や食品を一切忌避するような傾向には、断固として反対であることを申し添えます。

3　生物多様性・自然保護・国立公園

広義の自然保護や国立公園に関することは第1部のデビュー時評でも「2014・春」でも取り上げているように、温暖化＝気候変動と同様、何度も何度も書いています。ここでは**第7講「亜鉛の環境基準をめぐって（付レンジャー今昔物語）」**（2003年8月7日）から、体験談を含むレンジャーに関する3つの小節を再録し、最後に**第57講「第3次生物多様性国家戦略をめぐって」**（2007年10月4日）から「Hキョージュ版 幻の生物多様性国家戦略」を抜粋することにします。

国立公園とレンジャー

Aさん　ところで今月も何か経験談を話してくれるんでしょう。

H教授　そうだなあ、今、生物多様性の話をしたけど、国立公園とレンジャーの話でもしようか。

Aさん　レンジャーって遭難救助したり、パトロールして悪い人をつかまえたり、自然解説したりするんですよねえ。わたし前から不思議だったんだけど、運動神経も鈍くて、樹木も鳥の名前もほとんど知らないセンセイがよくレンジャーなんてできましたよねえ。

H教授　（憮然として）なんでキミにそんなこと言われなくちゃいけないんだ。失敬な！

Aさん　（気にせずに）でも、アメリカにはレンジャーって1万人以上もいるんですってね。日本はやっと200人、センセイの現役のころには100人だったんでしょう。日本ってほんとお粗末ですよねえ。

H教授　（怒りを堪えて）ま、いいや、説明してやるよ。アメリカの国立公園と日本の国立公園ではまず面積がちがう。面積あたりでいえば、もう少し差は縮まるけど、それは本質的なことじゃない。アメリカでは利用者のための施設の整備や管理、自然解説や野生生物の調査から治療までさまざまな分担を持った多くのレンジャーがいて、国立公園のなかで火事が起きたり、遭難事故が起きたりしても、その対応はレンジャーが行う。日本じゃ、火事は消防署だし、遭難は県警の出番だ。それに、そもそもシステムが違うんだから人数を比較しても意味がない。

Aさん　どういうことですか。同じNational Parkじゃないですか。

H教授　アメリカっていうか、世界のたいていの国じゃ、国立公園というのは国が土地の所有権なり管理権を持っている公園専用地になっている。アメリカの場合は内務省の国立公園局が土地を管理しているんだ。これらは「営造物公園」とよばれる。一方、日本では、土地の所有権や管理権とは関係なしに、他人の土地をすぐれた自然の風景地だからという理由でもって、自然公園法という法律で公園区域の指定をして、すぐれた風景を守るために一定の行為を規制したり、利用のための施設を整備したりしているんだ。こちらは「地域制公園」とよばれる。

で、その規制なんだけど、一方じゃ、憲法で財産権を保障しているから、規制するといっても限度がある。自然公園法では規制条項もあるけど、同時に財産権尊重規定だとか他の公益との調整規定、損失補償規定なんかもあっても強権的な規制はやりにくいようになっているんだ。日本の国立公園には、国有地が6割以上はあるけど、そのほとんどは林野庁が管理する国有林だ。かれらは特別会計、つまり林業経営でメシを食っているから、環境省にしてみれば民有地も同然だ。いろんな申請を不許可にした例など皆無に近く、それはこういうシステムからくるんだけど、でもねえ、決してそれだけじゃないんだ。

Aさん　どういうことですか？

H教授　国立公園としてあまりにも相応しくないようなものは、やっぱり許可するわけにはいかない。でも、不許可なんてしちゃうと損失補償や財産権の保護などでたいへん面倒なことになる。補償の予算があるわけじゃないし、土地を簡単に買い上げるってわけにはいかないからね。だから、不許可相当の案件は、最前線にいるレンジャーが、必死に説得して、つまり、おどしたり、すかしたりして、断念させたり、なんとか許可できるようなところまで規模を縮小させたうえで申請させるようにしていたということを忘れちゃいけない。

Aさん　それって悪名高き「行政指導」って奴じゃないですか。

H教授　そういう言い方もできないわけじゃないけど、当時の国立公園の場合はやむをえなかったと思うよ。日本の場合、国立公園のなかに人は住んでいるし、木は切り出しているし、さまざまな産業活動も行われている。家を建てたり、道路を作ったり、開墾したりすることも、手続きを踏めば、ときには手続きなしでも可能となる。そういう土地利用の調整がたいへんなんだ。

　で、レンジャーといっても、日本の場合は、その仕事の大半はそうした許認可の指導・調整になってしまう。でもテレビなんかじゃ、それでは絵にならないから、パトロールだとか自然解説のところばかり取り上げる。だから、キミのような誤解が生まれるんだけど、日本の場合、レンジャーというのはナチュラリストでなく、あくまで行政官なんだ。だから運動神経は関係ないし、自分が樹木の名前を知っているよりも、樹木の名前を知っている人のネットワークを作り上げられる才能など調整的な能力のほうが必要なんだ。……うーん、ちょっと自分でも弁解くさいな（笑）。

Aさん　なんだ、じゃ、そういう事務的なことばっかりやってたんですか。つまんない。

レンジャー私史

H教授　そんなことはないよ。ぼくがレンジャーをしてたころ、いくつかの国立公園では一応管理事務所があって、所長以下数名の小さいながら「組織」と言えるところもあった。だけど、残りの大半は単独駐在って言って、霞ヶ関の末端の職員がポツンと1人、山の中や海岸の岬のちっちゃな事務所兼住宅に住んでたんだ。ぼくはそうした単独駐在を3カ所で延べ10年近くやっていた。

当時は組織の体を成しておらず、霞ヶ関の職員が単身で事務所兼住宅に住んでいるんだから、たとえ霞ヶ関の序列では下っ端であっても、一見ミスター厚生省、環境庁に移行してからはミスター環境庁として、あっ、のちにはミズ環境庁もいたなあ、地元の市町村や旅館の親父さんたちや住民と接するんだもん、たいへんなことも面白いこともあったさ。ちやほやされたり、おそれられたりもした。地元の人に信頼されるためには、夜一緒に飲んだり、愚痴を聞いてあげなくちゃいけないこともあったしね。ただ法律と建前だけ振りかざして、事務的にあるいは強権的に接したらいいというもんじゃないんだ。

Aさん　はーん、センセイは地元の人の無知と人情をうまく利用して散々ただ酒を飲んだんだ。

H教授　人聞きの悪いことをいうなよ。そういうことはもちろんあったけど、事務所に訪ねてきた人には酒を振舞ったりもしたよ。

Aさん　そのお酒は自分で買ったんですか。

H教授　（小さく）もらい物、断りきれなくて。当時はそういうものだったんだ。でもねえ、ボクのころはまだそれでもレンジャーっていう存在自体は認知されてたけど、ぼくらの大先輩のころはもっと大変だったみたいだよ。

つい先日公刊された『レンジャーの先駆者たち』[注53]には往年のレンジャーたち数十人の苦労話がでている。レンジャー制度は昭和28年に始まったんだけど、役場ですら国立公園の仕組みなど知らないようなところへ、事務所も住宅もあてのないまま現地に赴任したみたいな、苦心惨憺の話がぼろぼろ出てくるんだから、涙なくしては読めないよ。いちど読んでごらん。いずれにしても、ぼくもそうした地元の人に大変お世話になったし、その厚い人情にふれる機会が山ほどあった。そうしたさまざまな人との出会いこそがレンジャーの醍醐味だったんじゃないかと思うよ。

Aさん　へえ、ところでその本にはセンセイも執筆してるんですか。

H教授　（憮然として）書かせてくれなかった……。

Aさん　やっぱりねえ。

H教授　なにがやっぱりだ。原則として各駐在地の初代レンジャーが執筆することとされたんだけど、ぼくのいた3カ所ともぼくは初代じゃなかったからなんだ。

Aさん　ま、そういうことにしておきましょう。

H教授　うるさい。ぼくが最初に駐在したのは、多島海景観で知られている瀬戸内海国立公園の展望台として有名な鷲羽山で、その公園の岡山県全域が担当だった。たしかに多島海景観はすばらしかったけど、海自体はどんどん埋め立てが進行し、コンビナートなどの排水で環境破壊が深刻だった。でも、実質的な規制がある程度できる国立公園区域というのは陸域では岬の先端とか島の上半分だとかで、海面は一応、国立公園ではあったけど、事実上ほとんど規制できない仕組みになっていて、そうした状況にまったく関与できなかった。悔しかったねえ。

Aさん　それで毎日飲んだくれてたんでしょう。

H教授　人聞きの悪いことをいうなよ。それなりに楽しんで仕事はしたよ。で、そのあとがアルピニストのメッカ、中部山岳国立公園だ。奥飛騨の平湯温泉に駐在し、公園の岐阜県側全域が担当だった。20～30軒ほどの旅館や民宿の温泉集落のはずれの、森のなかの一軒家だったんだけど、冬の3カ月ほどは2メートルの雪に閉じ込められた日々だ。当時はまだ独身で、夏の盛りがすぎると一気に人影が絶え、悲恋・失恋に涙していたことを思い出すよ。

Aさん　センセイが恋？　マッサカア。

H教授　何とでも言え。ぼくにだって青春時代はあったんだ。ところでこのころ、都会では公害反対運動が盛んで、平湯温泉に駐在して2年目の夏に、環境庁（当時）ができた。当時の厚生省から組織ごと環境庁に移行したんだ。事務所の看板を書き換える予算もなくて、ぼくが手書きで書き換えたっけなあ。

ま、それはともかくとして、僻地でも同じようにスカイラインやロープウェイなどの観光開発に反対する自然保護運動が起きていた。でも、それは公害反対運動とは違って、多くの場合いわば他所者の運動でね、地元ではそれに対する反感がすごかったことも忘れちゃならない。そういうときのレンジャーってのはある意味では板挟みでね、地元の人に対しては、安易な外部資本を入れた開発をすることは結局は自分たちの首をしめることにつながるって啓蒙・説得しつつ、都会の反対運動の人たちには地元の人たちの悩み苦しみを共有せずに、ただ反対だけするのはかえって地元の反発を買うだけだと言って、双方の反発を食らったりもした。

Aさん　カッコいい！　そういえば、あそこにはスカイラインもロープウェイもありましたよねえ。センセイもそういうたいへんな板挟みにあったんだ。

注53　国立公園管理員制度発足50周年記念出版『レンジャーの先駆者（パイオニア）たち：わが国の黎明期国立公園レンジャーの軌跡』自然公園財団編（2003）。

H教授　（照れくさそうに）いや、ぼくの赴任したときはそこのスカイラインもロープウェイもほぼでき上がっていたから、そうでもなかった（笑）。でも環境庁ができてからは格段に自然公園の規制の運用は厳しくなり、とくに核心部での新たな観光開発は認めないようになった。

Aさん　でもそれだとレンジャーってやっぱりこわもての規制だけに聞こえるんだけど。

H教授　だから、レンジャーってのはただ規制するだけじゃなくて、目に見える形で地元にも貢献しているというのを見せなくちゃいけないというんで、地元の人たちを組織して任意団体をつくり、みんなで清掃したり、その団体のカネで学生のバイトを使って山のパトロールや清掃もさせた。でも泊まるところがあるわけじゃないから、夏の間は狭い事務所兼住宅には常時10人前後が泊まってたりした。全共闘くずれの山好きの学生たちばっかりでねえ、まるで梁山泊だったたな。今にして思うと懐かしいよ。

Aさん　へえ、おもしろそう。で、そのあとは？

H教授　東京で総理府というところに2年間いたあと、南の霧島屋久国立公園のレンジャーになった。えびの高原に駐在し、特異な火山地帯である霧島地区全域が担当だった。えびの高原の中心部は例外的に環境庁の管理する公園専用地だったから、そこだけはアメリカ型と言って言えないことはない。

でもねえ、たとえば大雨で樹が倒れたりしていれば、それまではそこの管理者に電話して「かたづけといて」と言うだけでよかったんだけど、環境庁の土地や施設なら自分がしなきゃいけない。人手もカネもないから大雨のときなんかは自分でシャベル持って駐車場や遊歩道を回ったよ。またここでも平湯温泉のときとおなじように、夏休み中は学生のバイトを何人もわが家に寝泊りさせた。このときはすでに結婚してて赤ん坊もいたから、ずいぶん子守りもさせた。こういうふうに3カ所でレンジャーやったんだけど、そのころの単独駐在のレンジャーの直属の上司はいきなり霞ヶ関の係長や補佐ということになるから、個々のレンジャーが手づくりで仕事をつくっていたような面も多かったな。

レンジャーの現在と将来

Aさん へえ、おもしろそうだ。ワタシもやってみたいなあ。

H教授 今ではもうそんな非組織的なことはしてないよ。あのころだからできたんだ。

Aさん え、なんで、なんで？

H教授 じつはぼくがレンジャーのあと、霞ヶ関に戻って全国の国立公園の許認可の窓口の仕事をしたんだけど、とにかく申請の数がすごいんだ。電柱1本を立てる申請まで霞ヶ関にくるんだもの。あまりの数のすごさに閉口して、この許認可の権限のうち軽易なものを現地に下ろそうとした。

許認可は名目的には環境庁長官がするんだけど、実際は専決といって、権限は局長に下ろされていた。それをさらに下ろすには最低でも所長でなくちゃならないんだけど、当時はちゃんとした所長がいる国立公園管理事務所は全国で10しかなかった。でも国立公園は当時で27あったから、法のもとの平等の原則に反するというので、ネックになっていた（その後、昭和62年に釧路湿原が指定され、現在は28国立公園になっている）。[注r]

で、ある日、ふと思いついたんだ。熊本営林局というのは熊本だけじゃない、九州全部を管轄している。じゃ、阿蘇国立公園管理事務所というのは阿蘇国立公園の管理事務所ではなくて、阿蘇にある九州全体の国立公園管理事務所、つまりブロック事務

所とみなしてもいいじゃないかって。霧島屋久国立公園のレンジャーは阿蘇国立公園管理事務所の所員にしてしまえばいいって。

当時の環境庁の法律担当の事務官は呆れていたね。役人というのはどんなことがあっても権限を手放さないものだのに、自分から屁理屈をこねて手放そうとするんですかって。

Aさん　で、どうなったんですか。

H教授　数カ月は不眠不休だったけど、この「ブロック・専決制」はみごと実現した。それから20数年、所長の格もだいぶ上がったし、いまや自然保護事務所となり、公園の外のことまで権限が及ぶようになった。もちろんそれは時代の流れで、遅かれ早かれそうなったんだろうけどね。

でも、たとえば朝の連ドラにもでてきた吉野熊野国立公園管理事務所は和歌山の新宮にあったんだけど、いまでは近畿地区自然保護事務所になり、昨年大阪市内に移転した。それに、環境省には自然保護事務所のほかに、地方環境対策調査官事務所というのがあるんだが、産廃Gメンをつくれという声もあることだし、いずれは統合して地方環境局みたいな話になるのかもしれない。[注s]

Aさん　でも、せっかくレンジャーを志して入っても都会のど真ん中で仕事するんじゃあ、可哀想。

H教授　自然保護事務所は関係機関との調整なんかが便利なように、都会に出る傾向があるけれど、全面撤退するんじゃなくて、もちろん現場にもレンジャーは駐在させているよ。

ところで、ぼくらがレンジャーのとき仲間とよく語っていた夢が2つあるんだ。1つはアメリカのような国有の公園専用地からなる国立公園で、ナチュラリストのレンジャーがいっぱいいて許認可などに追われない理想的な「大国立公園」が生まれないかという夢だ。もう1つは国立公園のなかだけじゃなくて、広くオールジャパンでの自然保護に関与したいという夢だね。今は後者の方向である程度進んできたみたいだけど、前者の夢もまったく消えたわけでもないんじゃないかな。国有林がどうなるかだけどね。

Aさん　え？　どういうことですか？

H教授　さっきも言ったように林野庁は林業経営でメシを食っている。だから、本省レベルでは公園の指定だとか、林道建設だとかで、過去にはしばしば鋭く対立してきた。もちろん、現場では公園管理に関してはお互いに協力していることのほうが多かったんだけど。それが90年前後から国有林の経営が火の車でどうにもならなくなり、本格的なリストラが始まった。環境庁でもレンジャーとして林野庁現場職員の受け入れを大々的に始めたりして、だいぶ関係が好転した。

だが依然として国有林経営の困難さは変わらない。となると国立公園のなかの施業していない国有林なんかは環境省に人もろとも移行ということも考えられないこともないんじゃないかな。国有林が大半を占めているような国立公園では、将来そうした大国立公園が出現する可能性がゼロではないと思うよ。

Aさん　二兎を追うもの一兎も得ずにならなきゃいいですけどね。

H教授　まったくうるさいね、キミは。ま、いずれにせよ、「ブロック・専決制」は組織の発展とか処遇改善という意味ではよかったんだ。地元の人の目も所長に向くようにもなったしね。一方で、そのころから単独駐在レンジャーの事務所と住宅は基本的に別、つまり職住分離があたりまえになったから、楽になったぶん、面白さも半減したかもしれない。それにいま民間の接待はダメということになり、地元の人と酒を酌み交わすことだってむつかしくなった。第一、「行政指導」ってものが不透明だとして、世間では叩かれる時代になってしまった。そんなんでレンジャーの仕事ができるのかって、いささか不安になるのも事実だよ。

Aさん 自分は美味しい思いをして、後輩にはそれをさせないようにしたんですね。センセイってずるーい。

H教授 うるさい、うるさい、そんなことばっかり言ってるから、彼氏に逃げられるんだ。

Aさん ……センセイのバカ！（突然泣きだす）

H教授 （うろたえて）ゴメンゴメン、さ、泣きやんで。ごはんでも食べにいこう。

（2003年8月7日）

注r 分離独立、再編成、新規指定等で2014年8月現在で31国立公園になっている。
注s 予測通り、2005年に全国7カ所に地方環境事務所が誕生し、今日にいたっている。

Hキョージュ版 幻の生物多様性国家戦略（第57講「第3次生物多様性国家戦略案をめぐって」から）

H教授 税金をあまりかけられないという前提で話してみよう。

100年先は人口5000万人というんだから、少なくとも新たな面的開発は抑制する。たとえば、埋立などは原則禁止、自然水際線の人工化も原則禁止、ニュータウンやスキー場やゴルフ場などについても公的な開発は原則禁止。これらを例外的に許容する場合はノーネットロス原則[注54]と受益者負担の導入。そして民有地などの民間セクターによる開発で禁止できないものについては目の玉の飛び出るような開発税をかけて、開発抑制を図るとともに税収を保全施策に充当する。

Aさん うひょー、そりゃあ、よほど強力な政治のリーダーシップがなければ無理だわ。

H教授 それだけじゃない。100年先ということになれば、今あるダム、橋梁、護岸、水路などのインフラはいずれにせよ耐用年数がくる。その時点で何でもかんでも更新するのではなく、ゼロベースで考えて、本当に必要なものだけに更新を絞り、他は破棄する。そうすれば維持管理費もかからなくなる。そして更新する場合は徹底した環境配慮、環境共生型にする。

Aさん　ひぇえー、それも口で言うのは簡単だけど……。放置林化しつつある里山はどうするんですか。全部の二次林を保全なんてできないでしょう、もはや薪炭林の時代じゃないんですから。それに、そもそも人口も少なくなるし、人手をかけた里山の維持は困難じゃないですか。

H教授　そうだなあ、全国三千数百カ所、つまり旧市町村単位で1カ所ずつくらいをNGOや住民の力を借りて「モデル里山」として保全管理し、教育や休養、保健、研修の場とする。もちろんそれが自然公園などに入っていなければ、自然公園などにするなどの手当てもしなきゃいけない。残った大半は自然の推移に委ねるしかないだろう。100年も経てば、ある程度は自然林に近いものになるんじゃないかな。

Aさん　じゃあ、放置林化したスギ・ヒノキの人工林はどうするんですか。

H教授　優先度をつけて循環型林業の場として再生する。ただし、どう考えても立地上それが難しく、地すべり等の防災上の問題が起きない場所は放置するしかないだろう。こうした放置林だって、100年もすればスギ、ヒノキは倒れ、別の樹種の森林となって遷移していくよ。場合によっては、自然の遷移を早めるような措置も必要になるかもしれないけど。

Aさん　放棄された田畑や休耕田はどうするんですか。

H教授　こちらは健全な森づくりの場とする。温暖化対策からしても、炭素の吸収源を増やさなきゃどうしようもないだろう。

注54　本書152頁参照。

Aさん　モデル里山にしても、循環型林業の場にしても、森づくりにしても、莫大な経費がかかりますよ。そんなオカネがあるんですか。あまり税金はかけないといったじゃないですか。

H教授　だから、1日も早く税収中立の原則のもとで、環境税を設けるとともに、前に言ったように、国内排出権取引制度と国内CDM制度を構築し、CDMの対象を吸収源整備にまで広げなくちゃいけないんだ！　これこそが民間活力の導入であり、究極のCSR[注55]だ。

Aさん　うーん、そんな事例は海外にあるんですか。

H教授　知らない。おそらく世界に例がないんじゃないかな。だからこそ、それを日本型自然共生モデルとして世界に提案していく。それこそが本来のSATOYAMAイニシアティブ[注56]じゃないかなあ。日本はかつて独自の日本型システムで発展してきたけど、それにはいろいろ問題があったことも事実だ。そして、バブル崩壊以降は急速に変わり、コイズミ改革で今や米型の競争社会になっちゃった。欧米と一口にいうけど、欧と米は違うんだ。ボクらはこれから未知の、そして新たな日本型社会を形成していかなきゃいけないんだが、それは米型とは対極にあるもので、むしろ欧型から学ぶものがあると思うよ。

Aさん　米型と欧型か。ワタシB型、センセイたしかO型だったですよね。B型とO型って相性が悪いのよね。

H教授　な、何の話だ……（がっくり）。

（2007年10月4日）

4　廃棄物・リサイクル

ぼくは廃棄物行政に従事したことがありません。そもそも廃棄物行政は環境庁の所管ではなく、厚生省の所管でした。環境省昇格にともなって、廃棄物行政も環境省の所管になったのですが、そのときはもう環境庁を辞して大学に来ていました。そのくせ、ぼくが大学で最初に受け持たねばならなかった講義は「ごみの発生と処理」というものでした。

そこで素人ながら勉強をはじめたのですが、岡目八目的に時評にも再々関連の話題を載せています。デビュー時評で総論的な話をしていますが、ここではレアメタルのリサイクルの話をご紹介します（２００８年2月7日）。この5年後の２０１３年に小型家電リサイクル法がスタートしていますが、このことは時評では取り上げていませんでした。ごみ関連は講義科目から外れたので（その講義は廃棄物行政のプロに非常勤で来ていただくようにしたのです）、こちら方面のアンテナが少し鈍ったのかもしれません。

レアメタルのリサイクルと国内資源の確保（第61講「日本列島、1月の環境狂騒曲」から）

H教授　レアメタル、レアアース、貴金属の話でもしようか。

Aさん　なんです、それ？

H教授　レアメタルは希少金属のことで、鉄や銅、鉛、亜鉛、アルミなどに較べると量が少ないが産業上欠かせない金属をいう。タングステンやビスマス、アンチモン、インジウムなどいっぱいある。レアアースは周期律表の希土類、つまりごく微量にしかない稀な一群の元素類のことで、スカンジウム、イットリウム、ネオジウムだ

注55　corporate social responsibility の略号。企業の社会的責任と訳され、マトモな企業ならなんらかのCSR活動を行うのが常識となっている。

注56　二次的自然（里地里山）の持続可能な利活用を国際的な連携の下で進めようという呼びかけ。２０１０年10月、名古屋で開催された生物多様性条約ＣＯＰ10において、日本の環境省と国連大学が提唱した。これにより、「ＳＡＴＯＹＡＭＡイニシアティブ国際パートナーシップ（ＩＰＳＩ）」という国際的なネットワークが創設されている。

とかタンタルだとか、こちらもいろんなものがある。これらは産業用に重要なもので、いわば人体におけるビタミンのようなものといっていいかもしれない。ちなみに日本でスカンジウムを主成分とする鉱物を最初に発見したのはボクなんだぜ。

Aさん　（無視）脱線はいいですから、それで？

H教授　へいへい。レアメタルについては日本でもタングステンやモリブデンの鉱山もあったし、鉛・亜鉛の鉱山からの副産物としてもいろいろなものが得られたが、今じゃあすべて輸入に頼っている。一方、貴金属というと金、銀、白金類なんかを指すんだけど、これも装飾用としてより、本当は産業用として欠かせないものなんだ。これらも電子電気機器などに微量用いられているんだ。こうしたレアメタルなどは、アジアを中心にした需要の拡大と、原産国の資源囲い込みのせいで、この5年間でなんと国際価格が4から8倍にもなり、これからも急騰していきそうなんだ。もう商社なんかは買い付けに必死らしい。

Aさん　うーん、そりゃあそうかもしれませんが、この時評には直接関係ないんじゃないですか。

H教授　ばか、「資源」と「エネルギー」は「環境」と表裏一体の関係にあるんだ。三位一体と言っていいかもしれない。それはともかくとして、日本には電子電気機器類、たとえばケータイ（携帯電話機）やパソコンのなかに、トータルでは膨大な量が蓄積されている。たとえばインジウムは世界の埋蔵量の6割くらいが国内で蓄積されているそうだ。これを称して最近では「都市鉱山」などといわれることもある。

Aさん　わかった。それをリサイクルしなきゃいけないって話ですね。

H教授　うん、今までのリサイクルは資源問題というよりは、多くの場合、廃棄物の最終処分場が逼迫しているから、ごみ減量のために行うというのが本音だった。だがレアメタルなどは明らかにこうしたものと違い、資源確保のためのリサイクルの必要性に迫られてきたんだ。機種交換後のケータイなんかを回収しようという話が今いろいろあって、モデル事業などが展開されている。そのため経済産業省では資源有効利用促進法の改正を検討しているみたいなんだけど、ネックがいろいろある。事業所からの回収はなんとかなっても、一般消費者からの回収は難しいし、コスト的にも割が合わない。そうしたものは廃棄物処理法で、市町村が埋立処理するのが一般的だ。市町村単位でこうしたレアメタルなどの回収はとてもできないしね。

Aさん じゃあ、どうすればいいと？

H教授 それで悩んでいるらしいんだけど、そんなの簡単な話で、家電リサイクル法のスキーム、つまり逆流通ルートでの回収義務づけをやればいいんじゃないかと思うんだ。だけど、経済産業省としては電子電気機器メーカーや販売店の反対を恐れているし、環境省に関与されたくないんだろうなあ。でも、そんなくだらない省益にとらわれてる場合じゃない。資源有効利用促進法と廃棄物処理法と家電リ法の関係は複雑怪奇で、正直なところボクにもよくわからないから抜本改正したほうがいいと思うしね。ただ、もっと大切なことがある。

Aさん なんですか？

H教授 第1点は「資源」と「エネルギー」と「環境」。これらは市場原理にのみ任せるわけにはいかないということだ。かつて日本は「社会主義国だ」などと揶揄されたこともあったけど、今じゃあドイツなんかのほうがはるかに強権的だ。でなければ自然エネルギー固定価格買取制度[注t]などできるわけがないし、またある程度強権的にやらなければ、それこそ人類は持続可能な社会はできないだろう。

Aさん ご荒説として拝聴しておきましょう。第2点は？

H教授 その延長線上にあって、こうしたレアメタルを含めた国内の地下資源については、将来のことを考えて、ある程度私権を制限できるようにしておいて、いつでも再開発できるようにしておいたほうがいい。実は日本にはいろんな金属鉱山が昔は何千何万もあったんだ。レアメタルだって産出しなかったわけじゃない。それが軒並み閉山したのは、自由化により海外とのコスト競争に敗れたことと、鉱害問題だ。決して取りつくしたせいじゃないし、今の技術なら鉱害は完璧に抑えられるはずだ。日本の鉱業法というのは、そうとうひどい法律で、今でも日本の鉱区面積は日本の面積よりはるかに広い。鉱種別に重複して設定されるからね。にもかかわらず、日本の金属鉱山は鹿児島の金以外は壊滅状態。つまり今じゃ鉱区は単なる利権の道具になりさがっている。

Aさん　（話の展開についていけない）へえ、で、それで？

H教授　だというのに、今ではその所在地でさえ、かつての大鉱山以外はまったくわからないありさまだ。そのくせ広い面積の鉱区だけは設定して放任というひどい状態なんだぜ。これをどうすればいいかを真剣に考える必要があるだろう。少なくとも、関係者が生存しているうちにそうした過去の鉱山の所在地を、将来に備えて国家として完全に把握し、公表すべきだと思う。

Aさん　（ぱっと閃く）わかった。わかりました。要は所在のわからなくなった旧坑や廃坑の位置を、国家の責任で明示しろということですね。つまりセンセイの鉱物趣味の手助けを、税金でやれというわけだ。[注u]

H教授　……また、そんな身も蓋もないことを……（照れ隠しの笑い）。

Aさん　よくもそんな恥知らずなことを、EーCネットのような公的なホームページに書けますね。もう知らない。センセイのバカ！（憤然と席を立つ）

H教授　……それでも必要だと思うんだけどなあ（悄然と立ちつくす）。

（２００８年２月７日）

注t　再生可能エネルギーの普及拡大を目的とし、再生可能エネルギー源を用いて発電された電気を、一定期間・価格で電気事業者に対し買い取りを義務づける制度。日本でも「再生可能エネルギー特別措置法」が２０１１年８月に成立し、２０１２年７月より施

行された。だが、実際には例外規定により、電力会社が買い取りの上限を実質的に決められるため、当初期待された効果をはたしていない。

注u　キョージュの趣味は小学生のころからの鉱物採集。昔の鉱山跡が主たるターゲットだが、中小鉱山の場合、今となっては探し当てるのが難しいのが悩みの種。

5　水俣病

戦後公害の原点ともいうべき水俣病は公式に発見されてから50年以上の歳月が流れています。何度も何度も最終解決といいながら、それに納得しない被害者の提訴、勝訴により、解決が先送りになっている現状を憂いて、何度か時評でも取り上げています。

そしてその原因の1つは政府が、水俣病患者の定義をごく狭いものとしている認定基準にあるとしています。最終解決は水俣病患者と認定されなかったものに、提訴取り下げを条件に「水俣病被害者」として一定の金銭を支払うものですが、水俣病患者でない水俣病被害者などという詭弁を使うべきでないと訴えています。

水俣病かそうでないかの二分法でなく、軽症型水俣病、境界性水俣病、非典型水俣病等のグレーゾーン領域を設けるべきだとしています。環境省は最高裁判決がどうあろうと、認定基準そのものを見直そうとしないことが、問題だと指摘しています。

なお、対話調時評の先駆者である安井至先生のＨＰ「市民のための環境学ガイド」で、この時評は次のように取り上げられています。

A君 ここまでの記述では、水俣病の患者認定に関して、十分な情報を得ることが難しいと思います。最善の方法は、次のものを読むことではないですか。

ＥＩＣネットにＨ教授の環境行政時評というものが２０１０年7月12日まで連載されていました。水俣病関係の法律や裁判などの状況も何回かコメントがされていますので、参考になります。ぜひ、Googleなどで、「Ｈ教授　環境行政時評　水俣病」と検索してみてください。

（「水俣条約」採択の報道　２０１３年10月13日）

ずいぶん高く評価されたものです。なお、このあとの部分は次のとおりです。

B君 その後、大学のサイトで、この時評は継続されていたようだ。それも、ＥＩＣという公益法人のサイトに、Ｈ教授の個人的な政策評価のような記事が載るのはケシカラン、という民主党政権からの苦情が原因だったようだ。

A君 ２０１３年3月末をもって、関西学院大学総合政策学部の教授を退任。しかし、年間4回のペースで掲載を継続するような雰囲気でして、２０１３年夏の記事が掲載されています。

民主党政権からの苦情があった？　安井先生、そりゃあ、いくらなんでも時評を過大評価しすぎです。政府与党や環境省から何か言われたというのでなく、ＥＩＣの単なる自主規制でしょう。

6　公共事業と環境アセスメント

公共事業による環境破壊と環境アセスメント制度についても再々取り上げています。個別事例に関しても和歌山下津港沖埋め立て、神戸空港埋め立て、泡瀬干潟埋め立て、川辺川ダム、辺野古埋め立て、新石垣空港、八ツ場ダム、鞆の浦道路、諫早湾干拓、リニア新幹線等々を取り上げました。そして民主党内閣の「コンクリートから人へ」のキャッチフレーズがどんどん空洞化していったことを嘆き、3・11のあとの巨大な防潮堤建設にまっしぐらの現状に憤っています。アセス制度は事業をストップさせるためのものでなく、事業者の自主的な環境保全を促すもので、SEA（戦略アセス）もその延長線上にしかないとしています。その事業の必要性やコストパフォーマンスについては、事前の政策評価と、形式的な合法性でなく、住民投票のような直接民主主義的手法の導入が必要でないかと説いています。

なお、アセスメントと密接に関係する「ミティゲーション」という概念があります。**第43講「拡大ミティゲーション論」**（2006年8月3日）では、ミティゲーションの概念を解説するとともに、それをさらにバージョンアップ（?）させた「拡大ミティゲーション」を4つの小節で論じていますので、それを紹介しましょう。なお、これは画期的な政策提言を論じた「拡大シリーズ」の第一弾です。

アセスとミティゲーション

H教授　「拡大ミティゲーション」ってのはどうだい。

Aさん　なんですか、それ?

H教授　ま、追々わかるよ。まずはミティゲーションの説明をしてごらん。

Aさん　ええと、アセス用語ですね。たしか、「環境影響緩和措置」じゃなかったですか。

H教授　うん、開発にともなう環境影響をできるだけなくすための手法だ。

Aさん　開発による環境影響をなくすために事業の「回避」をまず考え、回避できないなら環境影響の「低減」を考える。低減もできない、あるいは低減しても残る環境影響は「代償」するという3段階ロケットですね。

H教授　「回避→低減→代償」の3段階って言われてるけど、「回避→最小化→修整・修復→軽減→代償」の5段階に細分する考え方もある。アメリカやヨーロッパの一部で以前から言われてたんだけど、日本でもアセス法アセス[注57]でその考え方が導入されたとされている。

Aさん　何か具体例で説明してください。

H教授　湿原や藻場・干潟のある海浜の埋め立てを計画したときのことを考えればいいよ。たとえば干潟を100ヘクタール埋め立てて、運動公園をつくるという計画だった場合、最優先に考えなきゃいけない「回避」とは？

Aさん　他の場所を探すとか、既存の校庭の活用策を考えたりして、埋め立てせずにその目的を達成する方法を考えることですね。

H教授　じゃあ、「低減」と「代償」は？

Aさん　「回避」の方法がどうしても見つからない場合には、平屋建ての計画だった体育館を高層化したりして埋め立て面積をできるだけ減らすことを考えます。これが「低減」です。少々低減したところでやはり80ヘクタール埋め立てしなくちゃならないとなれば、埋立地の前面や脇に、埋め立ててしまう干潟の面積より少し多目の100ヘクタール以上の人工干潟を作るといった手段が「代償」です。2割くらいは活着しないと見越せば、80ヘクタールの人工干潟が確保されます。

H教授　うん。現にアメリカのサンフランシスコ湾では、人工海岸の前面海域であっても、埋め立てる場合は埋立面積以上の面積を海に戻すことを義務づけている。つまり干潟や自然海浜だけでなく、湾の絶対面積を減らしちゃいけないということを決めているそうだ。ところで、埋立地のすぐ脇でそういう代償措置をとることをオンサイトというんだ。だけど、そういうところがなくて、うんと遠いところにしか人工干潟なんかをつくれないこともある。それをオフサイトという。

Aさん　そういうのもミティゲーションというんですか。

H教授　うん。それと、今までの話は埋め立てで失われるのと同質の環境を造成しようというものだった。干潟を埋めるんだったら人工干潟をつくるとかね。だけど失われる干潟と同等以上の価値のある環境、たとえば広大な森林をつくればいいじゃないかという考え方もありうる。これをアウト・オブ・カインドという。

Aさん　そんなのおかしいわ。その価値の程度を、誰がどう決めるんですか。

H教授　うん、干潟とかサンゴ礁とか湿原だとか里山だとか原生林だとか、そういった環境ごとの特性——これをハビタットというんだけど——、ハビタットごとの交換価値を決めなきゃいけないことになるね。環境価値を決める方法は有識者を集めて決めたっていいし、環境価値を決める方法というのもいくつか提案されていることは提案されている。

Aさん　なんだか環境への冒涜だって感じがするなあ。センセイはそれでいいと思ってるんですか？

注57　環境影響評価法の手続により行われる環境アセスメントの略称・通称。これに対して、法制定以前の閣議決定に基づいて行われた環境アセスメントは、しばしば「閣議アセス」と称される。環境影響評価法は、施行からまだ年月が短いことから、このような過渡的な略称・通称が用いられている。

ミティゲーション・バンキングとノーネットロス原則

H教授 ボクが言ってるんじゃない、アメリカなんかの最新の議論を紹介しているんだ。で、こうした議論の延長線上に「ミティゲーション・バンキング」なんて概念が考えられ、現に動いているそうなんだ。

Aさん ミティゲーション・バンキング？　なんです、それ？

H教授 要するにオフサイトもＯＫ。アウト・オブ・カインドもＯＫというのを前提にして考えると、代償ミティゲーションをするんだったら、いちいちその都度人工干潟をつくったりせずとも、あらかじめ第３者がそういう代償ミティゲーションの広大な環境を整備――これがミティゲーション・バンクだ――しておいて、その一部を買えばＯＫということになる。どうだ。合理的だろう。

Aさん （あきれて）　さすが、排出権取引を考えるお国柄ですね。合理的というかなんというか……。日本ではどうなんですか？

H教授 実は日本ではアセス法でミティゲーションを取り入れたといいながら、ミティゲーション概念の一番肝心なことをスポイルしているんだ。だからミティゲーション・バンキングの議論なんて、はるか先の話だね。ま、どちらにしてもミティゲーション・バンキングなんてのはあまり日本に向いている制度には思えないけど。

Aさん 一番肝心なことをスポイルしてるってどういうことですか？

H教授 つまりミティゲーションの本来目指すものは、なんらかの定量的な評価により、環境影響をゼロにするということなんだ。これを「ノーネットロス原則」という。日本のミティゲーションは、このノーネットロス原則を明示していないし、前提ともしていないんだ。だからしばしばミティゲーションと称して、見せかけの「代償」でお茶を濁す。少なくとも公共事業においては、まずはノーネットロス原則というのを確立すべきだろうな。あとは、個別具体的に議論していけば、落ち着くところに落ち着くと思うよ。

あとねえ、ノーネットロス原則はなぜ必要かといえば、そもそもはその対象になるような環境が減少しており、それを食い止めることの公益性が高いということにあるんだ。つまり、アウト・オブ・カインドの考え方とはある意味二律背反の関係になるということも忘れちゃならない。

Aさん　民間の開発ではノーネットロス原則はどうなるんですか。

H教授　ボクは必要だと思うが、憲法上の財産権との関係で社会的な合意を得ることは難しいと思うな。それよりは開発面積に応じてかなり高い自然改変税を課し、これで開発を抑制するとともに、その税額で保護対策を図るとかのほうが手っ取り早いと思う。

Aさん　話を元に戻しますが、「代償」よりは「低減」を優先し、「低減」よりは「回避」を優先というのがミティゲーションの本線ですね。でも今の話だともっぱら「代償」ばかりじゃないですか。3つのRではRecycleよりReuse、ReuseよりはReduceと言っておきながら、現実にはRecycleばっかり優先しているのにも似ていませんか。

H教授　うん、なかなか鋭い指摘じゃないか。でも、それは当然なんだ。そもそも、アセスってのは誰がやるんだ?

Aさん　計画・事業主体です。……あ、そうか、だったら自己否定するに等しい「回避」を最優先するわけありませんね。

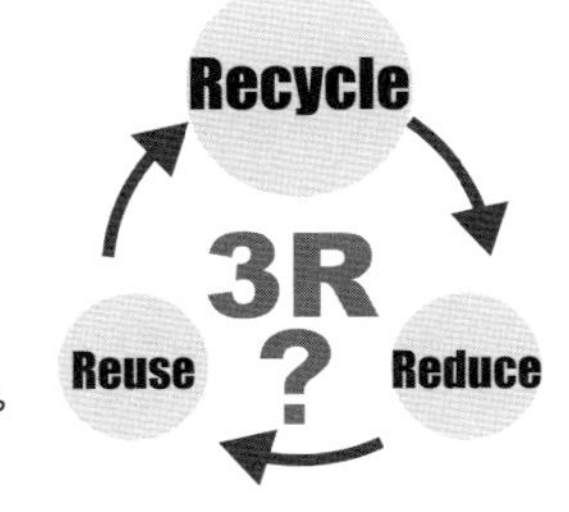

H教授　うん、だからアセス図書では「『回避』を最優先に考えたけど、できませんでした。ついで『低減』を考え、目いっぱい『低減』したけど、これが精一杯でした。そのかわりにこれだけの『代償』をします」というストーリーづくりに励むことになる。

日本型「回避」とは

Aさん　じゃあ、日本ではホントの意味での「回避」というのはないんですか？

H教授　日本では、そもそも大きな開発構想というのは事前に環境部局と協議調整を図るのがあたりまえなんだ。そのとき、これはいくらなんでもということで、環境部局が拒否して流れたというケースが結構ある。これが「回避」だ。あるいは大幅に規模を縮小させたりもしている。これが「低減」だ。だけど、こういう回避や低減は水面下で行われ、表に出てこないから、実態はよくわからない。環境部局との調整がつき、これでいいでしょう、アセスしましょうということになって初めてオープンになる。だからアワスメント[注58]になっちゃうんだ。まあ、なかには環境部局との調整未了のまま突っ走ったりして、大きな反対運動が起こった結果として、回避や低減を余儀なくされることもままあるけどね。藤前干潟とか三番瀬[注59]がその典型例と言えるだろう。

拡大ミティゲーション論

Aさん　で、センセイのいう「拡大ミティゲーション」というのは？　オフサイトとかアウト・オブ・カインドのことなんですか？

H教授　違う違う。ノーネットロス原則を、空間的な環境改変時の原則に限ることはないということだ。たとえば、空間だけじゃなく「時間」という要素を取り入れて考えてみるんだ。そうすると自然再生事業なんてのは、まさに時間を要素に入れたミティゲーション、つまり時間差ミティゲーションじゃないか。

Aさん まあ、そういえばそうですね。でも、それがどうかしたんですか。

H教授 空間や時間だけでなく、「次元」をもう1つ上げたっていい。つまりアセス用語に限定することなく、環境保全の一般的な原則にするということだ。アインシュタインが特殊相対性理論を一般相対性理論に拡張したようにね。

Aさん もう！ わかりやすく説明してください。ネット資源が「もったいない」じゃないですか!!

H教授 先日、ある会合で日本を代表する電機メーカーの話を聞いたんだけど、「わが社は〝2010年地球温暖化負荷ゼロ企業〟を実現させる」って言うんだ。

Aさん 2010年には二酸化炭素排出ゼロを目指すというんですか。そんなバカな。できるわけないじゃないですか。

H教授 その説明はこういうことだ。以下の数字はデタラメで、単にわかりやすくするためだと思ってくれ。現在年間100万トンの二酸化炭素を排出しているとしよう。もちろん単位製造量当たりの二酸化炭素排出量は年々減らしていくんだけど、2010年には製造量が2倍になり、そのときの二酸化炭素排出量は150万トンになるという予測なんだ。

注58　環境アセスメントの結果「環境に及ぼす影響は軽微である」と、事業計画を追認するにすぎないような環境アセスメント制度を揶揄するときなどに使う俗語、隠語。計画に評価を「合わす」とアセスメントの語呂合わせによる造語（EICネット環境用語集）。

注59　江戸川河口部近傍に広がる東京湾奥部最大の干潟。千葉県による埋め立て計画が進められていたが、その是非をめぐって大きな問題になった。千葉県知事選で埋め立て計画の白紙撤回と再生保全を公約した堂本候補の当選で、計画は撤回され、再生計画が進められている。

Aさん　どこが二酸化炭素排出量ゼロなんですか。１・５倍になってるじゃないですか。

H教授　そっから先がミソなんだ。そうして作り出される電化製品は省エネタイプの最先端をいくもので、現在使われている製品がそれだけ買い替えされると、その製品使用にともなうトータルの二酸化炭素排出量は現在の１０００万トンから２０１０年には８５０万トンになる。つまり１５０万トン減る。製品製造にともなう二酸化炭素排出量は１５０万トンだから差し引きゼロになるってわけだ。これを称して「地球温暖化負荷ゼロ企業」って言ってるわけだ。

Aさん　はあ？　ちょっと待ってください。現在の二酸化炭素排出量は製造時の１００万トンに使用時の１０００万トンで計１１００万トン。２０１０年には製造時１５０万トンに使用時の８５０万トンで１０００万トン。ちょっと減っただけじゃないですか。何が排出ゼロですか！

H教授　「排出ゼロ」とは言ってない。「負荷ゼロ」と言ってるんだ。要するに、排出量が減ることが重要なんだし、面白い発想だと思うよ。これってある意味じゃあ、ミティゲーションの「代償」の発想じゃないか。もちろん、排出原単位を減らす努力をしない言い訳にさせちゃいけないけどね。

Aさん　なんかごまかされた感じがするなあ。

H教授　重要なのは、この発想は他にも適用可能だということだ。たとえば、大気や水質の汚染で健康に与えるリスクを減らすことはもちろん一番大事だし、ゼロに近づける努力が必要だ。だけど、原理的に完全ゼロにすることはできない。一方、その健康リスクをはるかに上回る健康向上をもたらすような製品開発に力を入れ、トータルリスクをゼロどころか一挙に大幅マイナスにするというのを基本方針とするよう

なことも可能だろう。

Aさん　それって詭弁じゃないですか。

H教授　お、難しいコトバ知ってるな。

Aさん　馬鹿にしないでください。何が「拡大ミティゲーション」ですか！　……どんないい話かと思えば。

H教授　そうかなあ、キミ若いのに頭が固いねえ。ある種の発想の転換だと思うけどなあ（未練たっぷり）。

Aさん　はあー（深い溜め息）。でももう夏休みだ。しばらくセンセイの顔を見ずにすむかと思うと、ほっとします。

H教授　それはこっちのセリフだよ。

Aさん・H教授　（同時に）フン!!

（２００６年8月3日）

この拡大ミティゲーションについて、国会議員もされ、今も盛んにブログ発信されているSサンから次のようなお便りをもらいました。

✉「拡大ミティゲーション」構想、興味深く拝見しました。これまでのミティゲーション・バンキング構想に、空間だけではなく「時間」という要素を取り入れて考えてみては、というお考えですね。

ミティゲーション・バンクの考えかたは、「生態系を有する土地の持つ価値を Credits という単位で評価し、開発によって喪失する生態系の価値を、Debitsという単位で換算し、この Debits と同数の Credits を、ミティゲーション・バンクから購入することで、開発許可を得ることができる」というものといえますが、先生の考え方は、これに時間的要素を加味しようとするもののようですね。すなわち、単なるミティゲーション・バンクの考えかたに、オプション取引的考えを取り入れるようなものとも見えます。生態系を有する土地の持つ価値 Credits と、開発によって喪失する生態系の価値 Debits それぞれに時間的価値を持たせて、取引する、という考え方ととらえてよろしいでしょうか。一般のオプションの考え方では、タイム・ディケイ（Time Decay 時間価値の腐食）という概念があり、売り建てたオプションは、それによって、時間的価値を失い、これを安く買い戻すことができることによって、利益を得、買い建てたオプションは、これを転売することによって、時間的価値の腐食の進行を免れる、という考え方ですね。

開発許可を利得と考え、環境価値には、タイム・ディケイが発生する、と考えていくと、これまでのミティゲーション・バンキングの考え方では「環境価値を買い建て（買ったものをより高く転売する。――環境価値を高めて売る――）」という考え方のみでしたが、それだけでなく、「環境価値が高いうちに、売り建てしておき、環境価値が下がった時点で、買い戻すことによって、開発許可という利得を得る」という考え方になるでしょうか。

排出権取引にも、単純なスポット売買に加えオプション取引もできるように、世界的には、なっているようですので、この排出権オプション取引のミティゲーション版を考えれば、先生の考えられる構想に近いものが得られるものと思われます。（ひょっとして、ノーベル賞もの？・？・？）

このようなパラダイムの構築で、オルタナティブな環境価値のオプション取引形態が生まれるような気がしていますが。先生の言葉から連想しただけのスキームですので、たぶんに、荒っぽい、または、先生のご意図とは異なったデザインとなっているかもしれないことをお許しください。

というもので、その後、ご自分のブログでもっと詳細な考察をされています。ぼくの拡大ミティゲーション論は（ひょっとしてノーベル賞もの？・？・？）につながりうるものだとまで高く評価されています。もっとも経済学音痴のぼくとしては、おっしゃってることの意味がいまいちよくわかっていません。

7　アスベスト

アスベストは2005年のクボタ事件で、日本中がパニック状態になりました。ぼくは80年代の前半にこの問題にかかわったことがあり、排出抑制に向けての調査をし、それが後に89年の大気規制法での規制につながっていったという経験があります。その経験をふまえて、**第31講「アスベストのすべて」**（2005年7月28日）を書きました。

ぼくの書く時評はアカデミックな世界ではまったく無視されているのですが、この第31講が、はじめて「学術論文」に取り上げられたのです。そのいきさつは次の通りです。

本時評がアカデミズムの世界に取り上げられる（第52講「独断と偏見のキューバ社会論」から）

Aさん　センセイの意見は、読者からの反応はあっても、アカデミズムの世界ではまったく取り上げられないですね。

H教授　そんなことはないぞ！　先日、J大学のO教授が「学術論文」で、この時評の第31講、つまりボクのアスベスト論を取り上げてた。英文サマリーまでついている論文だぜ。

Aさん　へえー、ほんとですか。スゴイじゃないですか。ちゃんとした先生なんですよねえ。

H教授　もちろんさ。マスコミでも売れっ子の博士で、環境社会政策学者。中国の環境政策がご専門の堂々たるキャリアをお持ちの先生だ。

Aさん　（わくわく）で、どんなふうに取り上げられてたんですか？

H教授　（苦りきった表情で）もうボロクソさ。ひどいこと言われちゃった。

Aさん　……やっぱりねえ。どういうふうに書かれたんですか。

H教授　直接この時評へお便りされたんじゃないから、紹介することは控えておこう。

Aさん　あ、逃げた。で、センセイは自己批判されたんですか。

H教授　自己批判か、懐かしいコトバだなあ。うーん、ただどんなエライ先生であっても、あの論文に対してだけは納得いかなかった。だから反論を書いた。

Aさん　えー、冗談でしょう。横綱にふんどし担ぎが挑むようなものじゃないですか。

H教授　こらこら、ひどい言われようだな。せめて、一寸の虫にも五分の魂と言ってくれ。でもねえ、頂門の一針（ちょうもんのいっしん）ということだってある。言うべきことだけは言っておかなきゃ、精神衛生上よくないじゃないか。

それに反論しておかないと、ボクの読者でファンでもある多くの若い女性に顔向けできないからなあ。

Aさん　センセ、センセイ。心配しなくったって、そんな読者いないですって。でも気になるなあ。なんて批判されたんですか。さわりだけでも教えてください。

H教授　ボクはアスベスト規制の妨害者だとさ。誤読か、誤解か、思い込みか、悪意かはわからないけど、そう非難されていて、しかもいまだにアスベスト管理使用論者だそうだ。

Aさん　えー、センセイが今でもアスベスト管理使用論者だって。そりゃあウソです。センセイが怒るのはあたりまえですね。

H教授　まあ、ボクだけだったら何言われたって面倒くさいから反論なんてわざわざしようとは思わなかったろうが、ボクの後任者もいるし、それになによりも一所懸命頑張っていただいた検討会の先生方の名誉の問題だからな。だから反論せずにはおれなかった。心ある読者にジャッジをお願いするとしよう。

Ｏ教授の論文（「アスベスト問題は何故こんなに深刻になったのか？──被害の拡大を食い止められなかった『深因』の考察（試論）」は学術誌だけでなく、ホームページでも公表されている。それに対するボクの反論は４月15日付のブログだ。[注60] 読者のみなさん、よろしく審判のほどお願いします。（２００７年５月10日）

ＥＩＣネットから、ぼくのブログにリンクを張ってもらいましたが、そこでは、反論を公表しました（以下、抜粋）。Ｏ教授の論文のＵＲＬも明記し、読み比べられるようにしておきました。ぼくのブログでは、

……Ｏ氏（原文は実名）は明らかにシロをクロと言い含めようとしているのである！　変なつまみ食いをせずに、きちんと読んで批判してほしいものである。それともその程度の読解力もないのであろうか。

……残念ながらＯ氏の論考は、標題のものものしさとは裏腹に、時流に媚びるだけの卑しい売文業者のそれと変わりないとの誇りを免れないのでなかろうか。

……なんとも無知な──というのがボクの感慨である。ボクが第34講で書いているように、労働行政は通達等の指導行政で実質的な規制を先行させたのだ。こういう行政指導や通達行政という手法を批判するのならわかるが、どうやらＯ氏は行政指導や通達行政ということ自体なにもご存知ないまま行政批判をされているようだから、驚くほかない。

……これが学術論文？　知的頽廃としか言いようがないではないか。行政を批判するのはいいが、せめて行政の実態を知ったうえで批判願いたいものである。

……もちろんＯ氏はすべてをご存知のうえで、あえてこう書かれたのかもしれない。だとすればＯ氏は学者でなく、

注６０　「日録：思いつくままに」２００５年４月15日〈http://blog.livedoor.jp/hisatake1/archives/50862969.html〉。

デマゴーグということになる。ただし、かなりレベルの低いデマゴーグということになろう。

……80年代に入ってからは、アスベスト規制強化派の動きが海外では強くなってきていた。環境ジャーナリストや環境学者はそうした動きを知ろうと思えば知れたはずだし、少数の人たちはアスベストの規制強化を、そして後には使用禁止を粘り強く訴えた。ボクはそうした人を尊敬するが、知りうる立場にいたにもかかわらず、何も動こうとせず、2005年以降になってから正義の味方面してしゃしゃりでてくるハイエナのような後智恵論者は信用しないことにしている。そして環境社会政策学者O氏はそのころ何をしていたのだろうか?

……がん死者の割合が高いのは、第一義的には医学の発達や栄養状態がよくなったために、国民の多くがいわゆる「がん年齢」に達するまで長生きするようになったからだと考えたほうがよほど素直な気がするが、O氏にはそういう発想はとんとないようである。まあ、いずれにせよ一般国民がこれを読めばパニックに陥るかもしれない。思いつきで発言する前に、いちど専門家とじっくり議論されることをお勧めする。

……O氏は中国の環境政策の専門家だそうで、向こうとのパイプも太いそうだ。中国事情はそれほど知られていないから、中国におけるアスベスト対策の現状と課題について実証的な論文を書かれるほうが、はるかに世のため人のためになろう。

このような刺激的な文言を散りばめておいたのですが、ご本人からの反応は一切ありませんでした。

8　役人生態学と画期的な（?）政策提言

ぼくは29年間役人をやってきました。講義や講演の冒頭でよくいうセリフがあります。「ぼくの専門は――と聞かれると、『生態学』と答えます。そうすると必ず何の生態学ですか、海洋生態学ですか、森林生態学ですか、というような第2の質問の矢が飛んできます。そこでこう答えます。役人生態学です、役人・役所の論理、倫理、心理、生理、病理なんでもわかります」。

これで最初の笑いをとるわけですが、環境とは直接関係なくとも、こういう役人・役所生態学のような話を時評でもよくしていて、それを抜本から変えるためにはどうすればいいかということについて、荒唐無稽な、ですが、かなり本質をついているのでないかという提言をいくつもしています。その1つが「拡大シリーズ」です。

ここでは最後の「拡大シリーズ」である拡大フィフティ・フィフティ（第59講、２００７年12月6日）と、新たな予算要求システムの提言（?）（第92講、２０１０年9月2日）を紹介しておきます。前者は、当時大阪府知事だった太田房江サンが高額の講演謝金を取った、とメディアに叩かれていることに触発されたものです。

拡大フィフティ・フィフティ（第59講「翼よ、あれがバリの灯だ！　付：拡大フィフティフィフティ」から）

H教授　フィフティ・フィフティ[注61]というのが一部で行われはじめた。

Aさん　五分五分？　なんです、それ？

注61　ＦｏＥ　ＪａｐａｎのＨＰ「公立学校の省エネプロジェクト『フィフティ・フィフティ』とは」〈http://www.foejapan.org/lifestyle/energy/saveenergy/〉等。

H教授　学校の省エネプログラムだ。たとえば学校で省エネを徹底させることによって、年１００万円の電気料金が節約することができたとする。そうすると節約分の半分の50万円はその学校で自由に使っていいという、節約にインセンティブを与える方法だ。生徒なんかはこういうのを制度化すれば、必死になって省エネに励むんじゃないかな。もともとドイツで始められたプログラムなんだけど、日本でもすでにいくつかの自治体では取り入れているらしい。

Aさん　へえ、それはおもしろそう。

H教授　ボクはA市の温暖化推進協議会長なんだけど、A市でもやらないかと言ったんだ。環境課は乗り気だったけど、やはり導入はできなかった。

Aさん　どうしてですか。

H教授　タテ割りだ。それでも奥の手として市長を説得できれば、他の部局はOKせざるを得ないんだけど、学校は教育委員会系列でまったく独立しているんだ。環境課の提案に鼻もひっかけず、市長も教育委員会には何の権限もなく、人事権も持ってないから、どうしようもないって憤慨していたなあ。

Aさん　でもその手法は他にも応用が効くんじゃないですか。

H教授　うん、学校に限ることはなくて、いろんなところで応用は可能だと思うよ。ボクはこの考えをもっと進めて、温暖化とか環境問題を超えた次元での「拡大フィフティ・フィフティ」はどうかと思っている。

Aさん　拡大ミティゲーション（第43・48講）、拡大ＣＤＭ（第51講）の次は拡大フィフティ・フィフティですか。何ですか、それは。

H教授　冒頭の話だけど、太田大阪府知事が高い講演料をもらって世間の批判を浴び、そうなると与党も突き放し、今や三選が危うくなっている。だけど、実は講演は秘密でもなんでもなかったし、記者クラブや与党の連中だって、太田サンがタダで講演しているなんて思ってなかったはずだ。有名人に講演してもらえば、50万円とか100万円とかの講演料というのは決して稀じゃない。故・宇井純サンだって中西準子サンだって講演をお願いすれば、世間から見れば高額の謝礼を払うことになるし、それはある意味当然という見方もできる。注62

Aさん そりゃあそうかもしれないけど……。

H教授 太田サンの場合、その講演料は別に税金から出ているわけじゃあないよね。じゃあ、いいじゃないか。それで府の政策のPRなんかすれば、広報活動にもなる。もちろん、高額の講演料を自分から言い出したり、講演料目当てで自分のほうから仕掛けたりしちゃいけないけどね。問題はその額が、やはり庶民の目から見ると高額すぎるうえ、それを全部自分のフトコロに入れていたことだ。

Aさん じゃ、センセイはどうしたらいいと?

H教授 大阪府は赤字で困っているんだから、知事は講演依頼があれば公務に差し支えない範囲でどんどんやってもらい、講演料の半分を府の収入にすればいいんだ。そして残りの半分は太田サンの収入にすればいい。ただ、そうはいっても公僕なんだから、常識外れの高額にならないように、上限——たとえば1回10万円——を決めておいて、講演料の半額が10万円を越せば、10万円で打ち切りにするんだ。100万円の謝礼だったら、10万円を自分のものにして、90万円は府の収入にする。10万円の謝礼だったら、5万円を自分のものにして、5万円は府の収入にすればいいんだ。

Aさん ……。

H教授 そして講演依頼や執筆依頼については窓口を決めて、すべてホームページで公表する。どの団体からいくら

注62　どちらも有名な環境学者。

の講演料で講演依頼があり、どういう理由で受けたか、断ったかまで公表すればいいんだ。公表しないからよくないんだ。堂々と公表してやればいいんだと思うな。そうすると非常識なものは淘汰されるよ。これが拡大フィフティ・フィフティだ。

Aさん　なるほど。そのやりかただったら、一般の役人にも適用できそうですね。

H教授　実は霞ヶ関の役人が講演して謝礼をもらうというケースは以前は日常茶飯事だったし、形を変えたワイロみたいなものもあったらしい。あくまで噂だけど、大蔵官僚なんてちょこっと講演してウン十万円の謝礼をもらい、そのあと宴席、翌日は接待ゴルフという、守屋[注63]みたいなのがゴロゴロいたという話も聞いたことがある。でも環境庁じゃ、そういうのは聞いたことがない。せいぜい「お車代」くらいだった。

ところが、形を変えたワイロみたいなのが、世間にばれて批判を浴び、それから役人は講演をしても一切謝礼を受け取ってはいけないことになった。いや、それどころか、交通費さえ講演先からもらうことは難しくなってしまった。今度の太田サンの場合は、役人とはいえ特別職だから、そうしたルールに抵触するわけじゃないんだけど、「隗より始めよだろう」と批判を浴びて、今後は謝礼をもらわないと言い出している。でもねえ、こうした内向きの発想はガラッと変えるべきだと思うよ。

Aさん　だから拡大フィフティ・フィフティですか。

H教授　だって特別職であれ、指定職であれ、一般職であれ、要請があれば公務に差し支えない範囲で、どんどん世間に出ていってPRしたり講演するのは当然だ。今じゃあ、行政職員による環境出前講座なんてのもあるくらいだ。だけど1円も謝礼を受け取っちゃいけない、交通費も受け取っちゃダメだなんてなれば、頼むほうだって頼みづらいし、やるほうだってやりたくなくなってしまうのは当然じゃないか。それは決して国民にとっていいことじゃない。

Aさん　そりゃあまあそうかもしれませんけど、高給をとっておいて、さらに高額の謝礼をもらうなんて、反発を買うのも当然じゃないですか。

H教授　今まではね。だからさっき言ったように、限度額を越えない範囲で半額をもらえばいいんだ。知事が限度額10万円なら指定職は5万円、管理職は3万円くらいかな。原稿料だって同じようにすればいい。これが拡大フィフティ・フィフティだ。そしてそれを完全にガラス張りにするんだ。

Aさん　センセイの役人時代はどうだったんですか。

H教授　もちろん頼まれれば引き受けたよ。といってもポストによってまったく依頼のないときもあったし――というか、そちらのほうが多かったけど――、多く頼まれたポストにいたときだって年数回程度だったけどね。

頼まれると、日曜に自宅で講演用の資料をせっせとつくっていた。忙しい部下に、そんなこと、とても頼めないからな。宴席も招待ゴルフもなく、講演だけやって、まっすぐ帰ってきたけど、「お車代」をくれるときはもらった。たいてい1万円、たまに2万円。もらった半分を課の親睦会に寄付していた。拡大フィフティ・フィフティを実践してきたんだ。環境庁では、来客に出すお茶だって、ボクら職員が自腹を切って積み立てた親睦会のカネを使っていたんだぜ。だから、お車代2万円なんていうと課員一同大喜びしていた。今じゃ、それも許されないというのはヘンだと思うな。

Aさん　蟹は自分の甲羅に似せて穴を掘るそうですね。なんだかいじましくて、涙が出そうだわ。拡大シリーズ、今度のが一番ショボイですね。

H教授　……（赤面）。

（2007年12月6日）

注63　在職中汚職事件で逮捕され、実刑判決を受けた守屋武昌元防衛事務次官のこと。

来年度予算要求をめぐって──キョージュ試案

（「第92講「いつまでもつか、古い革袋─新予算要求システムの試案─」から）

Aさん　来年度予算の概算要求の真っ最中ですね。自公政権時代と予算要求のやりかたは変わったんですか。

H教授　基本的に元に戻ったといっていいだろう。昨年度の予算要求─というか、今年度予算については、いわゆるシーリング、つまり要求の上限額を決めなかった。そのうえで、事業仕分け（第83講その1）だとか、復活折衝（第64講その1、第19講その3）はなしだとか、省庁の方針は大臣、副大臣、政務官の3人だけで官僚をシャットアウトして決めただとか、なにかと話題の多かった予算だった。その結果が92兆を超える過去最大の予算になった一方、税収は37兆円で近年では最少、国債という名の借金が44兆円と過去最大……。つまり結局失敗に終わったといっていい。

Aさん　そうは言っても、「事業仕分け」でばっさばっさと切りましたよ。公共事業は18パーセントカットで、道路だとか港湾なんかは25パーセントカットしたそうですから、コンクリから人へというのはそれなりに実現の緒についたんじゃないですか。あ、そうか今、泡瀬の話をしたばっかりですね。

H教授　だから事業仕分けはパフォーマンスなんだってば。7000億円を切り込んだだけ。3000事業のうちの仕分け対象になったのは447だけだもんな。まあ、一方じゃ暫定税率の実質維持だとかで、マニフェストのほうも一部変更を余儀なくされた。「埋蔵金」（第60講その1）は10兆円発掘したそうだけど、埋蔵金なんてそう毎年毎年あてにできるわけじゃない。だから、「コンクリから人へ」の掛け声とは裏腹に、公共事業はあの程度の圧縮で終わっちゃったし、その掛け声すらやめちゃった。

Aさん　あの程度っていいますけど、18パーセントだとか25パーセントなんてすごいじゃないですか。

H教授　その程度じゃどうしようもないというのが、92兆円超えという結果に現われているじゃないか。

Aさん　それをなんとかするための具体的な提案はないんですか。

H教授　たとえば環境省の予算でいえば、自然公園等事業費、つまり国立公園に歩道や休憩所などを整備するという、小なりといえども公共事業で、ハードなハコモノ予算なんだけど、この予算、105億円が102億円に3億円減っただけ。一方、国立公園管理費は1・3億円が2・4億円と倍近く増えた。事業費の目減りは他省の公共事業に比べ、最小限に抑えられた。一方、管理費は倍増に近くなったということで自然環境局は大喜びした。だけど、ぼくは第25講その2でも書いたように、自然公園はハコモノ整備よりは維持管理などのソフト関係にシフトすべきという考えだし、多くのレンジャーも同じ意見のようだ（第49講その4）。

だとすれば、自然公園等事業費は50億円に半減させ、国立公園管理費は10倍の13億円に増やすほうが、国立公園の健全な利用のためにはよほどいいと思うよ。そうすれば合計63億円で、予算は106億円から大幅に減らせる。つまりそれだけ借金はしなくてすむ。こういうような構造改革、つまり公共事業費を削減して人が活動する管理費等に振り替えるようなことを全省庁全部局でやればよかったんだ。

Aさん　財務省はそういう査定はしないんですか？　あそこは各省の予算要求をとにかく削るところなんでしょう？

H教授　そんなことはない。主計局には何人もの主計官がいて、主計官の下には主計官補佐、つまり主査が何人かいる。そして、それぞれの担当省庁や局が決まっていて、見事に縦割りになっている。環境省担当主査はもちろん変な予算要求は切るが、基本的には財務省のなかでは環境省の代弁者でもあるんだ。だから、他の主査を横並びで見ながら、なんとか予算を増額しようともしている。で、結局のところ、各省見事に横並びになるんだ。それこそ政治の意志を総結集してトップダウンで指示すれば別かもしれないけどね。いずれにせよ政権中枢も財務省も、一挙に公共事業半減なんて恐ろしくてやれなかったんだろう。

Aさん そういう意味では、昨年度の予算要求・査定劇は政治主導と言いつつ、役所の既得権益の最低限の維持は図ったといえるわけですね。

H教授 うん、民主党も政府への要望では、やはり地方へ「もっと公共事業を」みたいなことを言っていたものな。

Aさん 今のが、昨年度の予算要求と査定結果の話ですね。今年のやりかたはどうなんですか。

H教授 結局昔ながらのシーリング体制に戻った。昔のシステムは第80講その2で述べたけど、その時代に逆戻りしたということだ。シーリング（要求上限額）は各省の政策経費についてすべて対前年度1割カットとした。

Aさん 政策コンテストをやると聞きましたけど。

H教授 うん、1割カットで浮いた財源からおおむね1兆円で「元気な日本復活特別枠」というのを設けて、それに対して各省から出てきた案を政策コンテストで公開で査定、――つまり事業仕分けみたいなショー仕立てで決めようとして、それを政策コンテストと称しているようだ。

Aさん センセイ、いかがですか。

H教授 財政的には非常事態としか言いようがないんだから、公共事業は万やむを得ぬ更新以外は3年間すべてストップだとか、あるいは環境省の自然環境局の予算でボクが言ったように公共事業費を大幅に削減して人が活動する管理費等に振り替えるような大胆な組み替えを政治主導で指示すればいいのに、各省一律のシーリングなんて馬鹿げている。それも1割カットじゃあどうにもならない。

Aさん センセイならどうします？

H教授 各省ごとに義務的経費を除いて、公共事業やその他の政策的経費については最低限50パーセントは各省が自発的にカットするように義務づける。そのかわりカット分の3分の1は各省に戻して、各省が自分の責任で自由に予算編成できるようにして査定はしない。だから100パーセントカットした場合には33パーセントの予算になるかわりに財務省に一切関与させないで、自分たちで自由に予算編成したって構わないようにする。残りの3分の1は各省の縄張りを越えた政治予算にし、公募方式で各省に競争させる。ま、これが現在の政策コンテストとちょっと似ているかな。残る3分の1を借金返済にあてる——なんてのはどうかな。

Aさん そうすればどうなるんですか。

H教授 たとえば環境省でいえば、自然公園等事業費のようなハコモノ予算は大幅に減額して、管理費だとかNGOの助成だとか、そういったソフト予算に自分の裁量で回せるようにすればいいんだ。環境基準の常時監視にしたって二酸化硫黄だとか一酸化炭素だとか全国的にみてほとんど問題のないような項目の予算は9割カットしても問題ないんじゃないかな。その分を新たなソフト的な事業に使えるようにすればいいんだ。

Aさん そんなことすれば財務省なんて必要なくなるじゃないですか。

H教授 必要がなくなるぶん、財務省自体を縮小すりゃいいじゃないか。

Aさん でもそれだってやっぱり各省横並びじゃないですか。そうすればまた予算が浮く。

H教授 だからそこに風穴を開けるため、カット分3分の1を集約して、予算を各省より公募した政治予算にするという案を出したんだ。

Aさん センセイの言うようにしたら環境省は自分の力で自然公園等事業費や二酸化硫黄の常時監視のための予算を9割カットしてよそに振り向けられますか。省内自体も縦割りだし、いろんな圧力があってできないんじゃないですか。センセイが自然公園等事業費の担当課長だったら、あらゆる屁理屈をこねて抵抗するんじゃないですか。

H教授 お、キミも役人生態学が少しはわかってきたじゃないか。でもどうかなあ、時代も変わってきているし、その場合あらゆる屁理屈をこねて、よその課に持っていかれないよう、新規のソフト予算を考えるんじゃないかな。

いずれにしても役人というのは、自分の組織の仕事を最優先に考える習性をもっている。だからこそ予算を減らすのに徹底抵抗するけど、逆に言えば、与えられた枠のなかで先例にとらわれず好きにすればいいというと、必死になっていろんなアイデアを考えると思うよ。

（２０１０年９月２日）

第6章　時評小史と節目節目の時評

この環境行政時評がスタートしたのは2003年の1月ですが、実はその前身があります。その経緯をたどりながら少し長い終章とします。

1　環境行政時評前史

「環境行政ウォッチング」

ぼくは1984年から1986年まで約3年間鹿児島県に出向していました。そのとき大変お世話になった上司が桑畑眞二さんでした。桑畑さんはぼくが関西学院大学へ来た前後に、鹿児島県を退職されました。その後、「南九州地域環境問題研究所」を設立・主宰され、県内の廃棄物処理など静脈産業のご意見番として、その健全な発達のために尽力されました。同研究所は『南九州研時報』という隔月のミニコミ誌を発行し、桑畑さんの緻密な論考が毎号掲載されていました。桑畑さんはぼくにも執筆するよう慫慂(しょうよう)され、何篇か寄稿したのですが、ふと思いつき、生意気なゼミ生との対話＝漫才で環境問題を論じることにしました。

2000年2月発行の南九研時報21号に掲載された「環境行政ウォッチング　進化=深化する環境行政」がそれです。幸いにも好評を博し、それから以降隔月で環境行政ウォッチングシリーズを寄稿しました。南九研時報は桑畑さんが健康を害され2007年9月の59号で廃刊になりましたが、それまでほとんど毎号に「環境行政ウォッチング」が載せられました。この「環境行政ウォッチング」はぼくのHPから大部分のものが読めるようになっています〈http://www.prof-H.net/env/env_mAnzAi.html〉。

さて、この「環境行政ウォッチング」にはさらに前身があります。

講義の時間つぶし戦略で始まった時評

ぼくは1996年に環境庁（当時、現・環境省）を辞して関西学院大学に来ました。総合政策学部を新設するにあたり、アカデミックな研究者だけでなく、行政の実務家も呼びたいということで、大学のほうから環境庁に要請があったのです。

ぼくはそれまで研究などしたこともなく、学生を教えるという経験もまったくなかったのですが、たまたまぼくが自然保護行政と公害行政の双方を広くカバーする経歴を持った唯一の技官だったため、白羽の矢が立ったわけです。1997年から講義を持ったのですが、1コマ1時間半を無事しゃべれるかどうか未経験なのでまったく自信がありませんでした。そもそもその講義は「ごみの発生と処理」というもので、ぼくは廃棄物行政はまったく未経験の分野だったのです。時間切れならば次回まわしでいいですが、時間を持てあましたら、みっともないということで、時間つぶしを考えました。

その結果、講義を始める前に10分か15分かを費やして、その週の環境に関する新聞記事とそれに関する自分の役人時代の経験をネタにしての時評を行うことにしました。授業評価の結果では、皮肉なことにこの時評がもっとも好評で、おかげで退職までずうっとそのための新聞記事の切り抜きがやめられませんでしたし、今も続けています。桑畑さんから原稿を頼まれたとき、この授業冒頭の口頭でやった時評を使いまわそうと思いついたわけです。

2　環境行政時評本史（1）　ＥＩＣネットの時代

ＥＩＣネットに連載

さて、環境行政ウォッチングの載った南九研時報は、近況報告代わりに何人かの環境庁時代の友人に送っていました。これに興味を持ったのが、20代のころからの友人の、当時、環境情報普及センター（ＥＩＣ）の専務理事だった鹿野久男兄（元・環境庁審議官）と事務局長（のちに専務理事兼務）の松浦雄三さん（元・環境庁施設整備課長）でした。２００２年の晩秋に上京した時、お2人に会ったのですが、そのとき「環境行政ウォッチング」と同じスタイルでＥＩＣネットという日本最大の環境ウェブに隔月で書くように依頼がありました。そこで対話の相手を女子学生の「Ａさん」に変えて、２００３年の1月より始まったのが「Ｈ教授の環境行政時評」でした。

ＥＩＣネットでは文末にアンケートがあり、またコメントも書き込めるようになっています。第1講はＥＩＣ始まって以来の反響があり、そのほとんどが好意的なもので、Ａさんファンクラブ誕生のような面持さえありました。当初は隔月という話だったのですが、予想外の好評から、3月の第2講からは毎月書いてくれということになりました。また、第2講からは読者の意見を取り入れ、リンクを張るとともに、随処に傍注をいれて補足することにしました。事実認識の誤認がないか、誤字脱字がないか等のチェックは先出の鹿野兄とＥＩＣの担当の下島さんがやりました。そして、リンク先を探してきてリンクを張ったり、傍注を入れるのはすべて下島さんがやってくれました。

いずれも好評で、ついに第6講では半年継続記念読者の声大特集をやりました（第1部で再録）。なお読者アンケートで、この時評の見解は環境省の見解であるかのような誤解をする人が出てきたので、第21講からは文末に「注：本稿の見解は環境省およびＥＩＣの公的見解とはまったく関係ありません」と入れるようにしました。

ところで隔月なら、書き溜めてきた「環境行政ウォッチング」を使いまわせば何年ももつと思ったのですが、毎月となると、1、2年でネタ切れになってしまい、それから以降は、月末になると、さあ何を書くかとそればかりを考えるようになりました。で、ついにウルトラＣとして第33～36講では「本時評の2年半を振り返る」という特集をしました。実際にはこのシリーズが終わったときには3年の歳月が流れていたのですが、これも第一部で主要な部分を再録しています。

なお、本時評開始と同じころ、瀬戸内海環境保全協会の無給の顧問をしている環境庁ＯＢの別の先輩から、協会の季刊の機関誌『瀬戸内海』への同様の連載の依頼があり、ここでも「Ｈ教授のエコ講座」と銘打つ対話調時評の連載を開始しました（これも一部は前述したぼくのＨＰから読めます）。こうして一時期はＥＩＣネット（毎月）、南九研時報（隔月）、瀬戸内海（季刊）と3つのメディアに平行して書く破目になり大変でした。

もっとも、ものは考えようで、授業での時評を2度、3度使いまわすと言って言えないこともないわけですから、グリコキャラメルではないですが、一粒で二度美味しい、効率的な小遣い稼ぎをしていたという見方もできるかもしれません。断りもせず引き受けたのは、義理と人情以外に、研究はしていないかわりに、こういうことをしていますという言い訳というか、研究をしないことを正当化するということがあったのかもしれません。なかでもＥＩＣネットの時評は毎回ヒット数は2万回に達したそうです。いろんなところで読まれていたらしく、思わぬところで思わぬ人から「読んでますよ」と言われたことも再々でした。「これで知ったから」と講演によばれたり、検討会の委員に声がかかったこともありました。時評を書くことで研究コンプレックスから少し解き放たれました。

それだけではありません。ぼくは大学に来て以来、アカデミシャンでない自分の大学での立ち位置をどうすればいいだろうかと長い間悩んでいました。見出した答えの1つは学生にとって魅力的なゼミの創出でした。卒業後も環境問題に内在的な理解を持ち、ゼミ生活を自分の原点とするような卒業生を輩出させたいと思い、そのために実習などいろんな仕掛けを考え、やっていけるという自信をこの頃ようやく持てました。ただ、それだけではあまりにミクロで内向きです。だから、なにか外向きのマクロのほうでも自分にできるミッションを探していました。その答えが見つかった気がしました。この時評を中心とする環境漫才による普及啓発と、それによりいささかなりとも学部の広告塔の役目をはたすということを自分のミッションにしようと思い定めたのです。

南九研時報は桑畑さんの健康問題で2007年に終刊しましたし、エコ講座のほうも、2008年に橋下サン批判をしたところ、協会のスポンサーの1つである大阪府からのクレームがつき、あえなく連載は終了しました。それから以降は時評一本に集中できました。

さて、EICネットを運営しているのは環境省の外郭団体であった環境情報普及センター（略称EIC）という財団法人でした（その後、一般財団法人環境情報センターとして改組、2014年7月よりは一般財団法人環境イノベーション情報機構。公益法人改革で環境省からの独立の度合いが強まっています）。環境省の外郭団体の運営するウェブでありながら、時評は歯に衣着せず環境省批判や政府自民党批判を行ってきました。専務理事兼事務局長の松浦さんは一切干渉されず、自由に書かせていただきましたし、それが好評だった最大の原因だと思っています。なお鹿野兄は早くに別の団体に行かれましたが、原稿のチェック（事実誤認、誤字脱字の有無）はその後もつづけていただきました。

その松浦さんも2009年に退任されました。なお2009年は夏の総選挙で、自民党は大敗し、民主党中心の政権が誕生した年ですし、事業仕分けだとかで、いわゆる外郭団体にも厳しい目が政権から向けられるようになりました。

そして2010年に入った第84講から、「政治的なことや政府環境省批判は控えてくれ」という要請が入りました。要請を拒否したのですが、編集権の行使でカットするというので、やむなく「カットするのはご随意に。その場合はカット部分は個人ブログに移すので、そこにリンクを張ってくれ」ということにしました。それから以降、政府への批判的な部分や政治がらみのコメントは、すべてカットされるようになり、自分で読んでもあまり面白いものでなくなりました。

第84講からは巻末には「注：環境に直接関係しない部分等は、編集部判断によりカットさせていただきました。筆者のブログでお読みいただけます」[注64]となっているのはそういうわけです。これでもって、なんとか100講までは、とガマンをすることにしました。そのことに気づいた読者の一部からは、EIC掲示板やその他で取り上げられ、ちょっとした話題になりましたが、カットはやむことはなく、それが、7割、8割になってしまうと、さすがに我慢しきれませんでした。ついに第90講（2010年8月9日）から学部HPに移行させることとし、第89講（2010年6月10日）の最後でそのことを明言しました。

引越し宣言（第89講「EICネット最終講宣言——未知の世界へ」から）

Aさん　センセイ、今回の時評も環境と直接は関係ない話や、独断と偏見、暴論・愚論満載で、編集部も困惑するんじゃないですか。

H教授　当然カットされるんだろうな（寂しく）。ただ、ボクの信念として、環境行政だけで完結しているわけじゃなくて、政治、経済、社会や生活との関わりのなかで環境問題を見ていかなくちゃいけないと思っているんだ。

Aさん それはわかりますけど……。

H教授 とはいっても、事業仕分けだとかなんだとかで、公益法人を取り巻く状況も激変している。E－Cネットも公益性・公平性を強く求められるようになってきて、個人の意見を前面に出したこの時評が掲載しづらい状況にあるようだから、この際、E－Cネットから撤退して、うちの学部のホームページに引越ししようかと思っているんだ。

Aさん え？ 学部のホームページ編集委員会がOKと言ったんですか？

H教授 それはこれからの交渉次第だろう。

Aさん そんなのムリ、載せてくれるはずがないじゃないですか。センセイ、うちの学校じゃあ「歩くセクハラ」だって言われて、教職員からも学生からも忌み嫌われているんですよ、知らなかったんですか。

H教授 知、知らなかった……（激しく落ち込む）。

Aさん そう落ち込まないでください。アタシがセンセイのために掛け合ってみますから。じゃあ、来月はどうするんですか？

H教授 うん、第89講まで延々と書いてきたんだから、節目の第90講は引っ越すにあたって――引っ越せればだけど――読者からご意見を頂戴し、それにお答えしてE－Cネットと最後のお別れをしようかと思っているんだ。

Aさん ご意見ねえ。くるのかしら。読者の皆さん、何かご意見があればお寄せくださあい。お願いします。

（２０１０年6月10日）

注６４ 「日録 ――思いつくままに」〈http://blog.livedoor.jp/hisatake1/〉。

3　環境行政時評本史（2）　学部ＨＰへの移行

第90講（２０１０年8月9日）はＥＩＣネットから引越しするにあたって、読者からのご意見をうかがいながら、双方に引越しの挨拶をするという試みで、これに限り、ＥＩＣネットと学部ＨＰとダブルで掲載、いわば競作の形になっています。学部ＨＰにアップするにあたっては、ＥＩＣの好意でイラスト等を一式いただき、ＥＩＣネットのライブラリ中に保管されている、第1～89講までには、学部ＨＰに引っ越した時評からリンクを張れるようにしてもらいました。それにしても、ＥＩＣの下島さんには長年編集とチェックをしていただき、感謝に堪えません。なお、ぼくはＥＩＣネット上の環境用語辞典の編集委員会のお世話や執筆分担もしているのですが、そちらのほうは引き続きやっていくことにしましたので、険悪な関係になったわけではなく、笑顔の協議離婚のようなものでした。学部ＨＰバージョンも体裁などはできるだけＥＩＣネットのものと合わそうとして、ゼミ生の谷岡華と、その友人のＡ・Ｔが編集してくれました。また、事実誤認等のチェックは生物多様性、自然保護、国立公園等についてはひきつづき鹿野兄、そして公害や温暖化等については、やはり環境庁ＯＢの岡崎誠さんに新たにお願いすることにしました。

第90講「中締めの辛――お礼とお願い」

Ａさん　センセ、第89講で「内閣は死に体状態で参院選まで持つのか」なんて書いてましたけど、編集中に鳩山サンが辞任し、菅サンがソーリになりました。校正のときにどうして追記しなかったんですか。

H教授　はは、死に体云々の部分はカットされた部分だから、追記しようがなかった。

Aさん　あ、そっか、で、それにともない、郵政法案だとかの重要法案が軒並み流れました。環境ですと、温暖化対策基本法（第87講その1）や環境影響評価法改正（第85講その2）が廃案になってしまい、すべては7月11日の参院選後になってしまいました。センセイ、これをどう思われますか。だって……。

H教授　こんどの参院選については……（口を挟もうとする）。

Aさん　（口を挟ませず）この政治空白の間に、いろんなことが次ぎ次ぎに起きています。生物多様性COP10の準備会合ではポスト2010の定量目標は何ひとつ決まらなかったし（第86講その1）、ABSについても米国と途上国の溝は埋まらず、早くも赤信号……。

H教授　おいおい（また口を挟もうとする）。

Aさん　（口を挟ませず）一方、IWC総会でも議長提案は宙に浮いたまま、1年間冷却期間を置くということで何ひとつ進展は見られませんでした（第86講その3）。そしてメキシコ湾の原油流出事故は依然として続いています（第89講その2）。なんでも三井物産系の石油開発会社が権益を共有してるとかで、補償を求められるという話もあります。直接環境問題には関係しないけど、大相撲は野球賭博問題で大変なことになっていますし、ワールドカップでは……。

H教授　いい加減にしろ！（かんしゃくを起こす）

Aさん　ど、どうしたんですか、おとなげない大声を出して（キョージュを睨む）。

H教授　今日はふつうの時評じゃないんだ。そういう話は次回から1個1個やっていけばいいんで、今日は引越しの挨拶と読者へのお礼と言っただろう。

Aさん　あ、そうか。今回は第90講、EICネットでの最終講なんですね。次講からは大学のHPに引っ越すんだった。

H教授　うん、移行措置として今回はＥ－Ｃネットと大学ＨＰの両方に載せてもらうことになっている。

Aさん　読者の皆さん、引越し先は〈http://semi.ksc.kwansei.ac.jp/hisano/〉です。ぜひ「お気に入り」に登録しておいてくださいね。それから今までの時評はＥ－Ｃネットのライブラリに保管しておいてくれるそうですから、第90講までは今までどおり、Ｅ－Ｃネットで読めるそうです。[注v]

H教授　引越し先でも体裁はできるだけ今までのものと同じようにするということで、すでにＥ－Ｃのご好意でイラスト一式をもらっている。

Aさん　その編集はどうするんですか。今まではＥ－Ｃ編集部にやってもらっていたんでしょう？

H教授　内容は従来どおり畏友Ｓ兄にチェックしてもらうし、新たに環境庁ＯＢのＯさんにもお願いした。体裁その他はキミがやるに決まってるじゃないか。

Aさん　アタシにそんな難しいことができるわけがありません（きっぱり）。だからゼミの友達に頼んでおきました。

注v　ＥＩＣネットにはコンテンツが非表示になっているので、第1講から第89講までも学部ＨＰのコンテンツ〈http://semi.ksc.kwansei.ac.jp/hisano/library.html〉から入るのがお勧め。

「やめる」という誤解

H教授　やれやれ。ところで、「やめないでください」というお便りをずいぶんいただいた。

Aさん　引越しするだけですのにね。あ、そうか。第89講のタイトルが誤解の原因だ。「Ｅ－Ｃネット最終講宣言」

ですもんね。

H教授　うん、いくつか紹介しよう。

✉なんでやめるんですか！　本時評掲載は大変有意義な税金の使い方だと思います。公平性は反論コーナーを設けて担保すればよいと思います。（後略）

✉このコラムがあったからE－Cネットにアクセスしていた、といっても過言ではありません。終わってしまうのはとても残念です。近視眼的でない、市民感覚目線での環境論として、とても参考になるものでした。

✉普段はバラバラの記事で見聞きするニュースなどを、つなげながら話を展開していただけるので、それぞれのつながりがわかるし、関連するニュースを同時に吸収できるので楽しく拝読させていただいています。引き続きご執筆してくだされば幸いです。（20代学生）

✉数年前までよく愛読していたものです。その後多忙に任せて、ご無沙汰してしまいましたが、久しぶりに読ませてもらうと、「やめる」と出ているではないですか！　やめるの絶対反対！　ぜひ続けてください。

✉最終講と見て、改めてゆっくり読みました。裏話というか通常のニュースだけではわからない面や、物事の流れがわかって貴重な話だったなと思っています。終わりとなると寂しい気がします。

✉毎月更新を楽しみにしていました。環境関係の情報源のなかでは裏情報が入ると共に、教授とAさんの掛け合いが清涼剤として堅苦しい話題のなかの楽しみでした。どうか移動しないでE－Cネットに残れるよう願っています。

✉阪神電鉄のファン向けホームページ「まにあっく阪神」も今年3・31と4・1のエイプリルフールで閉鎖となりネットワークの楽しみが無くなっていくのは寂しいです。

Aさん　あ、センセイ。眼に涙が（といいいつつ自分の目からも光るものが）。

H教授　違う、違う。埃が目に入っただけだ。いや、黄砂かな（慌てて誤魔化す）。それにしても7年半も続けてこられたのも読者の暖かいご支援のおかげだな。改めて御礼申し上げます。それと引越しするだけですので、次講からもぜひお読みいただけるようお願いします。

Aさん　ぜひここを「お気に入り」に登録してくださいね。あ、こういう方もいらっしゃいます。E－Cネットも引っ越し先も見ないそうですよ。

🖂E－Cネットでまず見るのは先生の講座です。引っ越しされたらE－Cネット自体見なくなると思います。あたり障りのない話など聞きたくありませんし、かといって言いたい放題のブログじゃあ読む気になりません。E－Cネットという制限のなかで突破口を開こうという先生の話がよかったのではないかと思うのですが（チェックもかかりますし）。健康上などの問題がなければ、E－Cネットのためにも、先生自身のためにも再考をお願い申し上げます。

H教授　そうおっしゃらずに、独断と偏見が行きすぎないようちゃんと今までどおりチェックも入りますし、ブログでなく大学HPですから、ぜひ引き続きご覧になってください。それからE－Cネットには貴重な情報が満載されていますから、これからもご愛読くださるようお願いします。

Aさん　あーあ、でもとうとうこの時評、本にしようというオファーがなかったですね。印税で婚活経費にあてようと思っていたのに。アタシもぼちぼち20代後半だから。

H教授　また、年齢詐称か。

出版に関しては恩師でもあるI先生のような方の論考でも自費出版しなければいけなかった状況だから仕方がないだろう。でもI先生のHPによると、ようやくこのほど出版先が決まったようだ。

引っ越し先での期待

Aさん　引越したあとも期待するというお便りもありました。

🖂突然の報告に驚愕しました。そういえば最近は短くなっているなあと思っていましたが、そんな事情だったんですね。毎回楽しみにしていただけに、非常に残念です。

🖂環境行政にまつわる当事者ならではの苦労と尽力。そんな行政のプロセスがわかる裏話は、ここでしか読めない貴重な存在だと思います。どういう形であるにせよ、ぜひ継続してくださることを願っています。

🖂毎号、楽しませていただきました。引越し先を早く決めて、継続をお願いします。

🖂はじめまして。小生は、教授とほぼ同世代の元サラリーマンです。毎回興味深く拝読させていただいております。環境問題は、W－I－N－W－I－Nで、八方収まるような生易しいものではなく、まさに「政治主導」でなければ、何も進むはずのない問題だと思います。強力な推進力を背景にして、そのうえで行政のあり方が論議されるべきだと思います。残念ながらまだその強力な推進力の形成が不十分な現状にあっては、そういうパワーポリティクス情勢を含めての論議なしには的確な現状認識、問題の把握ができません。

🖂環境問題は、国際問題であることも考え合わせると、なおさらにそういう性格が強いと思います。本コラムは、これまで、諸般の情勢を絡めて問題点を位置づけ、紐解いてくださっていて、小生のような一般人にとって、問題の本質を知り、あるいは考えるための手がかりとして重宝なものです。撤退というのは残念ですが、引っ越し先で、またAさんに会えることを願っております。

カットと辛口コメント

Aさん カットについてはEIC掲示板上で批判的な書き込みがありましたが、[注65] もちろんそればかりじゃなくて、カットが当然、あるいは仕方がないという辛口のご意見もありました。左は第88講（２０１０年5月13日）へのご意見です。

✉題名が「環境行政時評」、公表場所が筆者の所有物（場所）ではないことなどから、一定の見直しは当然と認識。たとえば、新党乱立、関西三空港、高速料金、事業仕分け、日本型経営などは、題材自体が「環境時評」の守備範囲を逸脱していると思われ、見直し（削除）は妥当と理解。また、普天間については前半が「環境時評」の趣旨から逸脱。後半のみ掲載するのは流れが悪く、結果として全体の削除は致しかたないものと認識。（後略）

H教授 現役の国家公務員の方だな。

Aさん え？ どうしてわかるんですか。

H教授 はは、役人のメモはこういう文体なんだ。

Aさん もう1つ、左のようなものもいただいています。

✉私のような自治体職員から見て、良くも悪くもソフトというか甘いというかそういった切り口なので、鋭さに欠ける点は少し残念な気がします。今まで幾人かお話させていただいた旧環境庁の方はかなり鋭い切り口で志の高い方が多かったので、少し違和感を覚えていました。環境政策は政治そのものなのでそういった言及にはまったく違和感はないのですが、編集部より削除された部分は切り口が甘すぎるからそうなってしまったように思います。

排出権取引、（第62講その3）とかカーボンオフセット、（第74講その3）みたいなペーパー商法というか投機ファンドの餌食になりそうなテーマに対してもっと根源的な提案を期待していたのですがそれも叶えられませんでした。（後略）

H教授 うーん、切り口が甘いか……。

Aさん 志も環境庁OBのなかでは低いそうですよ。だから大学では「歩くセクハラ」と言われるんですね。

H教授 キ、キミまで……（激しく落ち込む）。

最後に

Aさん そう落ち込まないでください。先ほどご紹介したようなファンもいっぱいいるんだから、人の見方はさまざまだということでしょう。ペーパー商法、投機ファンド云々については確かにグローバルになればなるほど胡散臭くなることは事実ですよね。『排出権商人』（黒木亮、講談社）なんて小説をセンセイに勧められて読んだけど、ますますそう思うようになりました。

H教授 でも排出権取引やCDMは国内で自治体が関与して行うのだったら結構効果があると思うけどな（第51講その4）。同じ第88講では左のようなご意見ももらっている。

注65 http://www.eic.or.jp/qa_new/?act=view&serial=34800

✉（前略）ＧＨＧについては誰にでもわかりやすい解説でした。落ちも笑えます。CO_2排出枠の討論については、森林植栽によるカーボンオフセット[注66]の域内であればいいのですが（そのための資金集めの仕組みですから）、キャップ＆トレード、（第82講その４）を多面的に（欺瞞性も含めて）論じても良かったのではないでしょうか。世界的には、その本質はエネルギー問題であり、金融資本社会の仕組みを継続させるためのインセンティブ創造手法のように感じています。（後略）

Ｈ教授　いずれにせよ、こういうご意見もいただいているから、もう少し引っ越し先で頑張ることにするよ。

✉（前略）最近、掲載のページ数が少なくなり、先生の辛口批評も見られなくなったと感じていました。先生のズバズバと切り込む批評がとても痛快で楽しみでした。公共性を求められるのでしたら、お引越しをして、自由に発言されたほうが良いと思っています。私もそちらのほうへ閲覧しに行きますので、どうか今までどおり、ズバズバおっしゃってください。

✉（前略）この時評は一見ふざけているようで、実は長く環境行政に関わってきた体験・実感に基づく指摘・提案ばかりで、大新聞からは得られようもない見識だと思います。（後略）

Ａさん　そうですよ。まだ70、80は働き盛りです。老骨に鞭打ってとりあえず引っ越し先で100講までを目指しましょう。

Ｈ教授　「ナ、ナナジュウ、ハチジュウは働き盛り」だって？　ボクはもっと若いぞ！

Ａさん　アタシから見れば、似たようなものです。

H教授　は、ハナタレ小娘が。

Aさん　ええハナタレ小娘ですよ（なぜか嬉しそう）。

H教授　……。最後にEICにお礼を言っておこう。言いたい放題の原稿をよく7年半も延々と載せてくれたものだと感謝している。特に担当のSさんには本当にお世話になった。ありがとうございます。

H教授・Aさん　じゃ、読者のみなさん。またお会いしましょう。必ず「お気に入り」に登録しておいてくださいね。

（２０１０年8月9日）

そして学部ＨＰで２０１１年5月の第１００講まで掲載し続けました。実は、ＥＩＣへは原稿を送るだけで、チェックや傍注、リンク探し等の編集はすべて向こうがやってくれ、原稿料までもらっていたのですが、第91講からは原稿料どころか学部ＨＰに載せるためのさまざまな編集とアップはＩＴ音痴のぼくにできるはずもなく、ゼミ生にバイト料を支払ってやってもらわねばならず、差引トータルでウン十万円の大損でした（涙）。

残念ながら、学部ＨＰに引っ越してからは、ヒット数は激減。おそらくＥＩＣネット時代の数十分の一になり、読者からのお便りはほぼなくなりました。引き続きリンクは張るようにしましたが、ＥＩＣネット時代にびっしりとＥＩＣの下島さんが書き込んでくれた傍注はなくなりました。一方、捨てる神あれば拾う神ありで、２０１１年に入って、月刊誌『自然と人間』に連載してくれという依頼があり、4月号から「Ｈ教授の環境ゼミ」の連載を開始しました。依頼はやはり対話調のものですが、テーマは温暖化に絞り、対話相手はＱタンという女子学生にしました。

注６６　日常生活や経済活動において、どうしても排出されてしまう温室効果ガスについて、その排出量に見合った温室効果ガスの削減活動に投資すること等により、排出される温室効果ガスを埋め合わせるという考え方。そのためのクレジット制度などもできているが、実際相殺（オフセット）しているかどうかは必ずしも定かでないという見方もある。

4　環境行政時評本史（3）　第100講を超えて　3・11の衝撃

さて、「環境ゼミ」の1回目の原稿を書いて旬日も経たぬうちに3・11が勃発しました。急遽設定を変更し、次号よりは原発のほうが中心のテーマになりました。

さらに3・11という未曽有の大災害に、H教授の環境行政時評も100講で終わりというわけにはいかず、季刊ながら続けることにしました。「新・H教授の環境行政時評　2011夏」がそれで、谷岡華らが卒業したので、院生の嶋村実香に編集とアップを依頼しました。いうまでもなく、3・11の東日本大地震とフクシマは戦後史上最大の惨劇でした。この直後の**第99講「未曽有の国難の只中で―東北関東大震災」**（2011年3月29日）から、3つの小節、そして節目の100講（2011年5月2日）の一小節を左記に引用しておきます。

「大震災勃発！　大津波襲来！」

Aさん　センセイ、大変なことになりました。アタシ、11日の夕方から、なにも手がつかず、10日間ずうっとTVの前に張りつけになりました。

H教授　うん、東北関東大震災だね。ボクもそうだった。切歯扼腕するだけだった。謹んで亡くなられた方のご冥福を祈ろう。（2人して黙祷）そして、1日も早く行方不明の人たちがみつかることを願うとともに、家屋財産すべてを失い辛うじて避難された方々に心からお見舞いを申し上げよう。とりあえずできることとして、学部内の教職員に義捐金を呼びかけたけど、[注w]あと何ができるか考えていかなくちゃあいけないと思ってる。

Aさん　ええ、アタシもささやかな義捐金を出す以外に何もできない自分がただ歯がゆくて。ねえ、センセイ、あの画面見ていたらあまりにも切なくて、オカネだけじゃなく、数回着ただけの防寒具をはじめとした衣類や比較的新しい毛布などを送ろうと思ったんですが……。

H教授　自治体で受付けているが、受付ける品物も限定的で、しかも新品、または新古品、つまり1度も使用していないものに限るとしちゃっているんで、びっくりしただろう？

Aさん　ええ、新品を買って送るくらいだったら、オカネのほうがよっぽどいいんでしょうが、中古品でも清潔なものだったら被災者の人たちに喜んでいただけると思うんですけど。

H教授　その通りだと思うよ。でも中古品で万一なんらかのトラブルが起きたり、クレームがつくことを恐れてのことなんだろう。なかには廃棄物処理と間違えたようなひどいものを送る人もいるかもしれないが、そんなのはごく一部だし、それだってあるNGOの人に言わせると、寒い時期だから焚きつけぐらいにはなるそうだけどね。

Aさん　それにしても東北関東大地震はすごいものでしたね。

H教授　宮城沖で起きたあの地震はマグニチュード（第98講その3）なんと9・0という日本ではいまだかつてなかった規模の未曾有の大地震だし、とんでもない規模の大津波が東北地方太平洋岸を襲った。そして大きな余震がいまも断続的に起きている。

死者は21日現在で8000人を越し、安否不明の人は1万8000人を越えている。多くの避難所にいる人は34万人以上だし、避難所に入りきれず、電気・水道・ガスといったライフラインが切られたまま別のところで救いを待っている人も大勢いる。これはまさに戦後最大の国難といっていいだろう。

Aさん　それだけではありません。福島県では絶対安全だといわれていた原子力発電所で、起こしてはいけない、絶対起こらないはずの事故が起きてしまい、これからどうなるか予断を許しません。

H教授　その話はあとでまたしよう。それにしても三陸の沿岸って、ボクにとって特別の意味をもつ地域なんだ。そこがあんなことになるなんて夢にも思わなかった……。三陸沿岸は昔から大好きなところで、もうこれまで30回は行ってるだろう。去年のGWにも石巻、南三陸、気仙沼、田野畑、宮古を訪れた。

ボクは趣味の世界でいろんな駄文を書いているんだけど、そのときのペンネームが「越喜来翔(おきらい)」。ぼくのHPのタイトルもこれを使っている。越喜来っていうのは大船渡の北にある地名なんだけど、それくらい思い入れがあるところなんだ。この越喜来も壊滅的な打撃を受けたようだ。

Aさん　救援物資がまだあまり行き渡ってないようですね。被災地に行く道路がズタズタになりましたし、かといって、海路のほうも港湾施設が壊滅状態だからでしょうね。でもヘリコプターからどうして投下しなかったのでしょうね。

H教授　自分でウラを取ったわけじゃないが、危険だし、投下したものが割れるかもしれないというので、法律で禁じられているのだそうだ。この話を聞いたときは怒りで髪の毛が逆立ったよ。生きるか死ぬか、ということの非常時に何をバカなことを言ってるんだってね。そんなもの、超法規的措置でやるって菅サンが宣言すれば、国民は納得すると思うよ。あと、昔は貨物列車というのが活躍したんだが、今では大部分はトラック輸送

理 コトワリ

KOTOWARI
No.75
2025

五〇〇点刊行記念

関西学院大学出版会の総刊行数が五〇〇点となりました。
草創期とこれまでの歩みを歴代理事長が綴ります。

1997-2025

関西学院大学出版会
KWANSEI GAKUIN UNIVERSITY PRESS

自著を語る

未来の教育を語ろう

關谷（せきや） 武司（たけし）
関西学院大学教授

著者は現在六四歳になります。思えば、自身が大学に入学した頃に、パーソナル・コンピューター（ＰＣ）というものが世に現れ、最初はソフトウェアもほとんどなく、研究室にあるただの箱のような扱いでした。それが、毎年毎年数倍の革新的な能力アップを遂げ、あっという間に、ＰＣなくしては、研究だけでなく、あらゆるオフィス業務が考えられない状況が出現しました。その後のインターネットの充実は、さらに便利な社会をもたらし、近年はクラウドやバーチャルという空間まで生み出しました。そして、数年前から、ついに人工知能（ＡＩ）の実用化が始まり、人間の能力を超える存在にならんとしつつあります。ここまでの激的な変化が、わずか人間一代の時間軸の中で起こってきたわけです。

もはや、それまでの仕事の進め方は完全に時代遅れとなり、昨年まであった業務ポストがなくなり、人間の役割が問い直されるまでに至りました。この影響は、すでに学びの場、学校や大学にも及んでいます。

これまで生徒に対してスマホートフォンの使用を制限していた中学や高等学校では、タブレットが導入され、ＡＩを使う生徒の姿に教師が戸惑う光景が見られるようになりました。教室で、ＡＩなどの先進科学技術を利用しながら、子どもたちに、何を、どのように学ばせるべきなのか。これは避けて通れない目の前のことで、教育者はいま、その解を求められています。しかし、学校現場は日々の業務に忙殺されており、立ち止まって現状を見直し、高い視点に立って将来を見据えて考える、そんな時間的余裕などはとてもありません。ただただ、「これでいいわけはない」「今後に向けてどのような教育があるべきか」

未来の教育を語ろう

關谷武司 著

関西学院大学出版会

など、焦燥感だけが募る毎日。

この書籍は、そのような状況にたまりかねた著者が、仲間うちの教育関係者に訴えかけて円卓会議を開いた、そのときに話された内容を記録したものです。まずは、僭越ながら著者が基調講演をおこない、続いて小学校から高等学校までの現場の先生方、そして教育委員会の指導主事の先生方にグループ討議をしていただきました。それぞれの教育現場における課題や懸念、今後やるべき取り組みやアイデアの提示を自由に話し合い、互いに共有しました。そして、それを受けて、大学の異なるご専門の先生方から、大学としていかなる変革が必要となるか、コメントを頂戴しました。実に有益なご示唆をいただくことができました。

では、私たちはどのような一歩を歩み出すべきなのでしょうか。社会の変化は非常に早い。

そこで、小学校から高等学校までの学校教育に多大な影響を及ぼしている大学教育に着目しました。それはまた、輩出する卒業生を通して社会に対しても大きな影響を及ぼす存在です。

一九七〇年にOECDの教育調査団から、まるでレジャーランドの如くという評価を受けてから半世紀以上が経ちました。もはや、このまま変わらずにはいられない大学教育に関して、大胆かつ具体的に、これからの日本に求められる理想としての大学の姿を提示してみました。遠いぼんやりした次世紀の大学ではなく、シンギュラリティが到来しているかもしれない、二〇五〇年を具体的にイメージしたとき、どういう教育理念で、どのようなカリキュラムを、どのような教授法で実施するのか。いま現在の制約をすべて取り払い、自らが主体的に動ける人材を生み出すために、妥協を廃して考えた具体的なアイデアを提示する。この奇抜な挑戦をやってみました。

このような大学がもし本当に出現したなら、社会にどのようなインパクトを及ぼすでしょうか。消滅しつつある、けれど本来は資源豊かな地方に設立されたら、どれほどの効果を生み出すでしょうか。その影響が共鳴しだせば、日本全体の教育を変えていくことにもつながるのではないでしょうか。

そんな希望を乗せて、この書籍を世に出させていただきました。批判も含め、大いに議論が弾む、その礎となることを願っています。

五〇〇点刊行記念　関西学院大学出版会の草創期を語る

関西学院大学出版会の誕生と私

荻野（おぎの）　昌弘（まさひろ）
関西学院理事長

一九九五年は、阪神・淡路大震災が起こった年である。関西学院大学も、教職員・学生の犠牲者が出て、授業も一時中断した。この年の秋、大学生協書籍部の谷川恭生さん、岡見精夫さんと神戸三田キャンパスを見学しに行った。新しいキャンパスに総合政策学部が創設されたのは、震災が起こった一九九五年の四月のことである。震災という不幸にもかかわらず、神戸三田キャンパスの新入生は、活き活きとしているように見えた。

その後、三田市ということで、三田屋でステーキを食べた。その時に、私が、そろそろ、単著を出版したいと話して、具体的な出版社名も挙げたところ、谷川さんがそれよりもいい出版社があると切り出した。それは、関西学院大学生活協同組合出版会のことで、たしかに蔵内数太著作集全五巻を出版している。生協の出版会を基に、本格的な大学出版会を作っていけばいいという話だった。

震災は数多くの建築物を倒壊させた。それは、不幸なできごとであったが、そこから新たな再建、復興計画が生まれる。何か新しいものを生み出したいという気運が生まれてくる。私は、谷川さんの新たな出版会創設計画に大きな魅力を感じ、積極的にそれを推進したいという気持ちになった。

そこで、まず、出版会設立に賛同する教員を各学部から集め、設立準備有志の会を作った。岡本仁宏（法）、田和正孝（文）、田村和彦（経＝当時）、広瀬憲三（商）、浅野考平（理＝当時）の各先生が参加し、委員会がまず設立された。また、経済学部の山本栄一先生から、おりに触れ、アドバイスをもらうことになった。

出版会を設立するうえで決めなければならないのは、まずその法人格をどのようにするかだが、これは、財団法人を目指す任意団体にすることにした。そして、何よりの懸案事項は、出版資金をどのように調達するかという点だった。あるときに、たしか当時、学院常任理事だった、私と同じ社会学部の髙坂健次先生から山口恭平常務に会いにいけばいいと言われ、単身、常務の執務室に伺った。山口常務に出版会設立計画をお話し、資金を融通してもらいたい旨お願いした。山口さんは、社会学部の事務長を経験されており、そのときが一番楽しかったという話をされ、その後に、一言「出版会設立の件、承りました」と言われた。事実上、出版会の設立が決まった瞬間だった。

その後、書籍の取次会社と交渉するため、何度か東京に足を運んだ。そのとき、谷川さんと共に同行していたのが、今日まで、出版会の運営を担ってきた田中直哉さんである。東京出張の折には、よく酒を飲む機会があったが、取次会社の紹介で、高齢の女性が、一人で自宅の応接間で営むカラオケバーで、バラのリキュールを飲んだのが、印象に残っている。

取次会社との契約を無事済ませ、社会学部教授の宮原浩二郎編集長の下、編集委員会が発足し、震災から三年後の一九九八年に、最初の出版物が刊行された。

ところで、当初の私の単著を出版したいという目的はどうなったのか。出版会設立準備の傍ら、執筆にも勤しみ、第一回の刊行物の一冊に『資本主義と他者』を含めることがかなった。新たな出版会で刊行したにもかかわらず、書評紙にも取り上げられ、また、読売新聞が、出版記念シンポジウムに関する記事を書いてくれた。当時大学院生で、その後研究者になった方々から私の本を読んだという話を聞くことがあるので、それなりの反響を得ることができたのではないか。書店で『資本主義と他者』を手にとり、読了後すぐに連絡をくれたのが、当時大阪大学大学院の院生だった、山泰幸人間福祉学部長である。また、いち早く、論文に引用してくれたのが、今井信雄社会学部教授（当時、神戸大学の院生）で、今井論文は後に、日本社会学会奨励賞を受賞する。出版会の立ち上げが、新たなつながりを生み出していることは、私にとって大きな喜びであり、出版会が、今後も知的ネットワークを築いていくことを期待したい。

資本主義と他者
Ogino Masahiro
荻野昌弘
capitalisme et représentation d'autrui
関西学院大学出版会

『資本主義と他者』1998年

資本主義を可能にしたものは？　他者の表象をめぐる闘争から生まれる、新たな社会秩序の形成を、近世思想、文学、美術等の資料をもとに分析する

関西学院大学出版会への私信

田中（たなか）きく代（よ）
関西学院大学名誉教授

私は出版会設立時の発起人ではありませんでしたが、初代理事長の荻野昌弘さん、初代編集長の宮原浩二郎さんから設立のお話をいただいて、気持ちが高まりワクワクしたことを覚えています。発起人の方々の熱い思いに感銘を受けてのことで、「田中さん、研究発進の出版部局を持たないと大学と言えないよね」という誘いに、もちろん「そうよね!!」と即答しました。皆さんの良い本をつくりたいという理想も高く、何度も会合がもたれました。ことに『理』の責任者であった生協の書籍におられた谷川恭生さんのご尽力は並々ならないものであったと感謝しております。谷川さんを除けば、皆さん本屋さんの出版にはさほど経験がなく、苦労も多かったのですが、苦労よりも新しいものを生み出すことに嬉々としていたように思います。

私は、設立から今日まで、理事として編集委員として関わらせていただき、一時期には理事長の要職に就くことにもなりましたが、荻野さん、宮原さん、山本栄一先生、田村和彦さん、大東和重さん、前川裕さん、田中直哉さん、戸坂美果さんと、指を折りながら思い返し、多くの編集部の方々のおかげで、やってくることができたと実感しています。五〇〇冊記念を機に、まずは感謝を申し上げ、いくつか関西学院大学出版会の「いいとこ」を宣伝しておきたいと思います。

「関学出版会の『いいとこ』は何?」と聞かれると、本がとても「温かい」と答えます。出版会の出版目録を見ていると、それぞれの本が出来上がった時の記憶が蘇ってきますが、どの本も微笑んでいます。教員と編集担当者が率先して一致協力して運営に関わっていることが、妥協しないで良い本をつくろうとすることからくる真剣な取り組みとなっているのです。出版会の本は丁寧につくられ皆さんの心が込められているのです。
また、本をつくる喜びも付け加えておきます。毎月の編集委員会では、新しい企画にいつもドキドキしています。私事ですが、私は歴史学の研究者の道を歩んできましたが、同時にどこかでいつか本屋さんをやりたいという気持ちがあったことは否定できません。関学出版会では、自らの本をつくる時など特にそうですが、企画から装丁まですべてに自分で直接に関わることができるのですよ。こんな嬉しいことがありますか。

皆でつくるということでは、夏の拡大編集委員会の合宿も思い出されます。毎夏、有馬温泉の「小宿とうじ」で実施されてきましたが、そこでは編集方針について議論するだけではなく、毎回「私の本棚」「思い出の本」「旅に持っていく本」などなどの議題が提示されました。自分の好きな本を本好きの他者に「押しつけ？」、本好きの他者から「押しつけられる？」楽しみを得る機会が持てたことも私の財産となりました。夕食後には皆で集まって、学生時代のように深夜まで喧々諤々の時間を過ごしてきたことも楽しい思い出です。今後もずっと続けていけたらと思っています。

記念事業としては、設立二〇周年の一連の企画がありましたが、記念シンポジウム「いま、ことばを立ち上げること」では、田村さんのご尽力で、「ことばの立ち上げ」に関わられた諸氏にお話しいただき、本づくりの大切さを再確認することができました。今でも「投壌通信」という「ことば」がビンビン響いてきます。文字化される「ことば」に内包される心、誰かに届けたい「ことば」のことを、本づくりの人間は忘れてはいけないと実感したものです。

インターネットが広がり、本を読まない人が増えている現状で、今後の出版界も変革を求められていくでしょうが、大学出版会としては、学生に「ことば」を伝える義務があります。ネット化を余儀なくされ「ことば」を伝えるにも印刷物ではなくなることも増えるでしょう。だが、学生に学びの「知」を長く蓄積し生涯の糧としていただくには、やはり「本棚の本」が大切だと思います。出版会の役割は重いですね。

『いま、ことばを立ち上げること』
K.G.りぶれっとNo. 50、2019年

2018年に開催した関西学院大学出版会設立20周年記念シンポジウムの講演録

【4～7月の新刊】

『未来の教育を語ろう』
關谷　武司［編著］
A5判　一九四頁　二五三〇円

【近刊】　＊タイトルは仮題

『宅建業法に基づく重要事項説明Q&A 100』
弁護士法人 村上・新村法律事務所［監修］

『教会暦によるキリスト教入門』
前川　裕［著］

『ローマ・ギリシア世界・東方』
ファーガス・ミラー古代史論集
ファーガス・ミラー［著］
藤井　崇／増永理考［監訳］

KGりぶれっと60
『学生たちは挑戦する』
開発途上国におけるユースボランティアの20年
村田　俊一［編著］
関西学院大学国際連携機構［編］

【好評既刊】

『ポスト「社会」の時代』
社会の市場化と個人の企業化のゆくえ
田中　耕一［著］
A5判　一八六頁　二七五〇円

『カントと啓蒙の時代』
河村　克俊［著］
A5判　二二六頁　四九五〇円

『学生の自律性を育てる授業』
自己評価を活かした教授法の開発
岩田　貴帆［著］
A5判　二〇〇頁　四四〇〇円

『破壊の社会学』
社会の再生のために
荻野　昌弘／足立　重和／山　泰幸［編著］
A5判　五六八頁　九二四〇円

KGりぶれっと59
『基礎演習ハンドブック 第三版』
さぁ、大学での学びをはじめよう！
関西学院大学総合政策学部［編］
A5判　一四〇頁　一三二〇円

※価格はすべて税込表示です。

好評既刊

絵本で読み解く 保育内容 言葉

齋木　喜美子［編著］

絵本を各章の核として構成したテキスト。児童文化についての知識を深め、将来質の高い保育を立案・実践するための基礎を学ぶ。

B5判 214頁 2420円（税込）

スタッフ通信

弊会の刊行点数が五百点に到達した。九七年の設立から二八年かかったことになる。設立当初はまさかこんな日が来るとは思っていなかった。ちなみに東京大学出版会の五百点目は一九六二年（設立一一年目）、京都大学学術出版会は二〇〇九年（二〇年目）、名古屋大学出版会は二〇〇四年（二三年目）とのこと。特集に執筆いただいた草創期からの教員理事長をはじめ、歴代編集長・編集委員の方々、そしてこれまで支えていただいたすべての皆様に感謝申し上げるとともに、つぎの千点にむけてバトンを渡してゆければと思う。（田）

コトワリ No. 75　2025年7月発行
〈非売品・ご自由にお持ちください〉

知の創造空間から発信する
関西学院大学出版会
K.G. University Press
〒662-0891　兵庫県西宮市上ケ原一番町1-155
電話 0798-53-7002　FAX 0798-53-5870
http://www.kgup.jp/　mail kwansei-up@kgup.jp

にとってかわられたみたいだ。でも、こういう被災時なんかは、貨物列車が活躍できるときじゃないかなあ。

Aさん それにしても廃棄物の処理だけで1年くらいはかかりそうですね。とにかく膨大な量ですものね。

H教授 うん、ひょっとすると何百万トンというオーダーになるかもしれない。[注x] これも超法規的措置が必要になりそうだな。でも阪神淡路大震災のときもそうだったが、廃棄物処理法にこういう非常事態を想定しての特例規定ぐらいは置いたほうがいいような気がする。

Aさん でも海外ではこんな事態になっても、略奪も暴動も起きていないと賞賛されているらしいですね。

H教授 物不足のなかでも暴利をむさぼるという話もあまり聞こえてこないしね。秀吉の刀狩で牙を抜かれたという見方もあるかもしれないけど、ボクはやはり日本人には昔から地縁血縁といった、ウチ社会での相互扶助のDNAが息づいているんだと思うよ。

共有というのはみなが無責任に自分だけの利益を図るため失敗するという、ギャレット・ハーデインの言う「コモンズの悲劇」を、日本人のコミュニテイは超克したんだ。でも江戸時代にも圧制・失政が限度を越すと一揆が起きたように、限度を越すと怒りが爆発するかもしれないということを施政者は知っておいたほうがいいだろう。あと、多くの諸国から支援の申し入れがあり、実際に支援部隊を派遣してくれているのは、うれしいし、ありがたいね。

注w　当初1カ月は教職員の収入1割カンパ、翌月からは毎月収入1パーセントカンパを呼びかけた。また、気仙沼大島に教員の引率で学生が何度もボランティアに行くなど、総合政策学部は関西学院大学の中で突出した支援活動を展開した。

注x　もう1桁上で、2000万トンを優に越した。

日本社会の宿痾を乗り越えて自然順応型社会へ

H教授　今回の国難ともいうべき大災厄は、戦後日本社会総体の問題点をあぶりだした、といっても過言ではない。

Aさん　どういう意味ですか。

H教授　よく人と人との共生とか人と自然との共生っていうよね。でも人と自然との共生というと、なんとなく人と自然が対等のパートナーというような感じも受けないでもない。

Aさん　ウチの学校でも言ってますよ。そりゃあ考えすぎじゃないですか。

H教授　あるいは自然保護なんてこともいう。でも自然保護というと、人間が高みに立って自然を保護してやるんだぞという驕りのようなニュアンスを感じないでもない。

Aさん　ですから考えすぎですって。ちょっとセンセイ、神経過敏になってないですか。

H教授　いや、だけど自然保護なんて発想は、欧米からの輸入だろう。人間は神の代理人として他の生物を管理しているというのが、欧米流自然保護概念のそもそものスタートだと思うよ。

Aさん　……で、それがどうかしたんですか。

H教授　人間の科学技術はたしかに偉大なものだよ。でも今回の災厄でわかったことは、大自然の力の前では人間はあまりにも無力であるという側面も持っているということだ。

Aさん　そりゃあ、まあ、そうですね。

H教授　三陸地方は津波の被害に再々逢った。だから、防潮堤を設けた今も、避難訓練もやっていて、意識も高かった。それでもこの大災害の前になすすべはなかった。想定外の災害はいつも起きる可能性がある。もっと自然の前では謙虚にならねばならないし、そういう街づくりを今後志向しなければならないと思わないかい？

Aさん　具体的に言うとどういうことになるんですか。

H教授　戦後高度経済成長社会は自然制御志向社会だったと言えるだろう。つまり防波堤、防潮堤、堤防、ダム、そういったものでの100パーセント防災社会を理想としてきた。だが、今後意識してつくらねばならないのは、制御しきれない大災害が襲ってくることもあるという前提でのまちづくりだ。いくら防潮堤をつくっても住宅はできるだけ高台に設ける、災害が起きた場合でも被害ができるだけ小さくてすむといったまちづくりであり、被災者がすごしやすく、復興が進めやすいまちづくりだ。

Aさん　それをつくるには行政だけではムリですね。

H教授　そのとおりだ。何よりもいろんなレベルでのコミュニティの再生が必要だ。今回の被災地はそういう意味でのコミュニティがなお息づいている社会だということが、さまざまなエピソードからもうかがえ、それがかすかな救いと言えないこともない。

Aさん　他に今回の事故で気づかれたことはないですか。

H教授　自治体、警察、消防の方たちの努力にはアタマが下がる思いだ。そして危険を顧みず、現地で救援活動を全面展開した自衛隊員の方たちにはどれほど感謝しても感謝しきれないほどだ。で、実は自衛隊の災害救助活動というのは本務ではないことになっているのだが、国民の自衛隊への感謝はこの災害救助活動にあると言って過言ではない。

Aさん　えっ、本務じゃあないんですか。

H教授　自衛隊法では「わが国の平和と独立を守り、国の安全を保つため、直接侵略及び間接侵略に対しわが国を防衛することを主たる任務とし、必要に応じ、公共の秩序の維持にあたるものとする」となっているんだ。災害救助活動も本務の1つにして、そのための訓練も行うというようにすれば、自衛隊のイメージアップに思いっきり貢献すると思うよ。防衛省とか自衛隊というネーミングも再検討する必要があると思うな。

Aさん　……でも菅内閣も大変ですねえ。こんな大災害にぶちあたってしまって。

H教授　さあ、でも四面楚歌だった菅内閣だけど、政治休戦に持ち込めたし、中身的にはいろいろ疑問が残るが、枝野サンなんてのは、ほとんど不眠不休で頑張っているのはよくわかるから、少なくとも支持率という意味では下げどまりになったと思うよ。こういう原発大国にしたのは自民党内閣だということも国民はよくわかってるしね。

Aさん　でも当面、東北、関東は電力不足に悩まされそうですねえ。

H教授　東電だけでなく、地震と津波で東北電力も電力供給不足に陥りそうだものね。たしか以前にも話したことがあると思うけど、日本は9電力体制だが、相互に融通しあうラインが細いんだ。もっと深刻なのは東日本と西日本では周波数が違うこと。それを相互に変換して融通しえる量はごく僅かなんだ。つまり西日本の電力を送りたくてもほとんど送れないということ。こんなことは世界で日本だけらしい（第73講その1、第82講その4）。

Aさん　それにしても聞けば聞くほど、日本は原発に不向きだと思うんですが、なぜ、こんなふうになったんですか。

H教授　原発はトイレなきマンション（第18講その3）と言われながらも、経済発展を国策とする日本ではそのためにエネルギー供給の増大をなんとしても図らねばならなかったんだ。

第3の価値観転換に向けて

Aさん　でも、その挙句が今回の事故だとしたら……。

H教授　そうなんだ。我々は今一度原点に立ち帰って、エネルギー制約のもとでのエネルギー抑制型社会を考えねばならない。そのためには豊かさとはなになのかをもう1度考えてみる必要がある。

Aさん 自然順応型社会にエネルギー抑制型社会か。なるほどねえ。

H教授 それだけじゃあない。戦後日本は一貫して都市化、都市圏集中の道を辿ってきた。それどころか近年では関西都市圏や中京都市圏ですら地盤沈下しだし、首都圏という一極集中社会になりつつある。だけど、想定外の大きさの関東大地震や大津波が来たり、富士山大噴火が起きたりすれば、それこそ日本沈没ということになりかねない。そんなことにならないよう、どんな自然災害がどこで起きても速やかに立ち直れるような、多極社会——日本は細長いからムカデのような多節社会と言ったほうがいいかな——を意識的につくる必要がある（第45講その4）。

Aさん うーん、自然順応社会にエネルギー制約社会に多節社会ですか。

H教授 うん、その三位一体社会こそが低炭素社会の実体であるべきだと思うよ。

Aさん でも、それは抜本的な意識改革というか価値観の全面的な転換が必要となりますよ。そんなことができるかしら。

H教授 日本は明治維新と太平洋戦争の敗戦と2度にわたる価値観の大転換をやってのけたんだ。だからできるさ。というかできなければ、日本はもう終わりだという覚悟を持つ必要がある。

Aさん アタシも被災者の方々のために、そして、アタシたち自身の未来のために何ができるのか、もう1度考え、そして行動を起こしてみます。

（2011年3月29日）

100講の最後に（第100講「とりあえず最終講宣言」から）

H教授　ところで今回で第100講だ。

Aさん　ええ、もう8年以上前になります。確か第1講は9・11から1年が過ぎた後だったですねえ。

H教授　そして先日3・11の大震災に遭遇した。万を越す人が亡くなったり、行方不明のままで、かろうじて助かった人もすべてを失い、今後の生活再建や復興の見通しが立たないままだし、なおも余震が続いている。フクシマ第一原発周辺の人々は、避難を強制され、風評被害に苦しみ、しかも終息の見通しは依然として立たないままだ。

当初から100講で打ちどめにしようと思っていたけど、このままやめるわけにはいかない。被災者の方々がどうなるか、復興の方向はどうなるか、原発の行方はどうなるか、等々の見届けなきゃあいけないことがいっぱいある。そして3・11が日本を、そして世界をどこに導くかということを少しは見ておきたい。だから、これからは定年までの間、4半期ごとくらいにやろうと思っているんだ。次は夏かな。

Aさん　アタシも少し旅にでようかと思っていたんです。いろんなところを見て回ったり体験したりもしてみたいし、ある意味では自分探しの旅に出ようと思っていたんです。

じゃあ、次は夏ですね。それまでに戻ってきます。Qタン[注67]によろしく。あの子、とってもいい子ですよ。ただ素直すぎるので、センセイのようなひねくれた根性の持ち主の毒に耐えうるか心配です。

H教授　ひねくれてるキミに「ひねくれてる」なんて言われたくないなあ。まあ、気をつけて行ってこい。じゃあ、夏にまたやろう。旅に行くときは1人、帰るときは2人になってればいいな。（小さく）ま、ムリだろうけど。

（2011年5月2日）

そしてそれから2年、2013年3月末日に、大学を定年退職しました。それまでの2年間、本時評を「新・H教授の環境行政時評」として季刊で続けました。月刊『自然と人間』の「Hキョージュの環境ゼミ」で取り上げたトピックのリライトが中心でしたが、字数制限がないぶん、やはり本時評のほうがのびのび書けたような気がします。鹿野兄と岡崎さんの協力も引き続き得られました。

在職中の最後の時評は「2013・冬」（2013年2月17日）です。編集をやってくれた嶋村実香も大学院を修了します。ですから、次に引用するように、これで時評は終わるはずでした。

サヨナラの総括（2013・冬「最終時評～2013年の環境政策のみどころ」から）

Aさん　センセイ、いよいよお別れですね。大学には何年おられたのですか？　4月からはどうされるんですか？

H教授　17年だ。その前の環境役人が29年。馬車馬のような46年間だったから（Aさん、思わず「ウッソー！」）、とりあえずはゆっくりと来しかたを振り返ることにするさ。

Aさん　いかに要領よく生きたかをですね（笑）。ゴメンナサイ。これも愛情表現です（ぺろっと舌をだす）。

H教授　まったくキミという奴は……（苦笑）。役人時代の総括は一応すませてはいるが、それも含めての総括だな。

Aさん　時評が始まってから11年が過ぎました。長かったですね。

H教授　キミの男装時代からカウントすれば14年だよ。思い返せば、その間にいろいろあったなあ。9・11、小泉改革、リーマン・ショック、民主党政権誕生、そして3・11。それにしてもキミはいつまで大学院でプーしてるつもりなんだ。

注67　月刊『自然と人間』の連載「Hキョージュの環境ゼミ」で、キョージュと対談しているゼミ生。キョージュ退職後も自主ゼミとして継続。

Aさん　ほっといてください。バイトしながら研究し続けるのがワタシの生きがいなんです。でもセンセイ、たまには学校に来られるんでしょう？

H教授　キミのことはSセンセイに頼んでおいたけど、やはり気になるから、たまには顔を出すよ。この時評で一応最終講とするが、読者の希望があれば、単発で時おりはキミとの時評をやったっていいよ。

Aさん　センセイ、じゃあ、読者のかたがたにお別れのコトバをなにか。

H教授　そうだな、じゃあ、「とおくまでゆくんだ　ぼくらの好きな人々よ」。

Aさん　吉本隆明ですね、これが白土三平の『影丸伝』になると「我等、遠方より来たりて遠方に去る」です。いずれにしても、ちょっと陳腐じゃないですか。

H教授　（渋い顔で）じゃあ、「ある日の真実が、永遠の真実ではない」。

Aさん　チェ・ゲバラですね。今の政治状況を言っているようです。

H教授　「人生は美しい　未来の世代をして、人生からすべての悪と抑圧と暴力とを一掃させ、心ゆくまで人生を享受させせよ」

Aさん　悲運の革命家、レオン・トロツキー！

H教授　うるさい！　うるさい！

H教授・Aさん　（読者に頭を下げて）これまで、ありがとうございました。じゃあ、またいつかお会いしましょう。

（2013年2月17日）

5 環境行政時評本史（4） 退職後もボケ防止策として続ける新・新時評

2013年4月から年金生活者になりました。キャンパスに遊びに行ったとき、総合政策学部の山田孝子先生から、続投するよう慫慂（しょうよう）されました。編集とアップは山田先生にやっていただけるとのことで、「2013・夏」（2013年7月15日）からはじまる「新・新Hキョージュの環境行政時評」（退職したのに「教授」はおかしいので、「キョージュ」としました）シリーズが始まり、今日にいたっています。トピックによって、鹿野兄や関西学院大学総合政策学部の佐山先生など環境庁OB、あるいは現役の協力を得ながら、少しでもボケ防止に役立つのではないかと淡い期待を抱いての再々出発です。まず新・新シリーズの冒頭部を紹介します。

新・2013・夏 「富士山、世界文化遺産登録！ そして原発再稼働へ」（冒頭部）

Aさん センセイ、年金生活に入られてまもなく3カ月になりますね。毎日、いかがおすごしですか。

キョージュ いやあ、快適だよ。とくにキミの顔を見なくてすむと思うとね。

Aさん また、そんな強がりを。アタシがいないから、さみしくって仕方がないんでしょ？

Hキョージュ なにをバカな。朝から夕方まで自宅で趣味の石三昧だぞ、楽しくて仕方がないさ。やっと「鉱物冗報通信」の最終第8巻を出した。キミも買えよ。将来値上がりするぞ（注：キョージュの趣味は鉱物の蒐集です。関学一を自称してました）。

Aさん　ばっかばかしい。そんなくだらないオタク本、誰が買いますか。だいたいセンセイ、環境政策の本は出さないんですか。

Hキョージュ　そんなことはない。オファーがあればいつでも出すさ。

Aさん　そのオファーがないんですよね。ま、迷余キョージュだから仕方がないか。

Hキョージュ　あいかわらず口も悪いな……。

Aさん　「も」ってなんですか！

Hキョージュ　（とぼけて）さあ、ネット資源の無駄遣いだ。さっさと本論にいこう。

（2013年7月15日）

さて、第一部で最近の時評として「2014・春」を採録しました。本書原稿を書き始めたのはそれからだったのですが、さらに2つの時評を書いています。その2つの時評のHP上でのコンテンツというか、紹介文＝惹句を紹介して、本章の最後とします。

新・新2014・夏「検察審査会が起訴相当の議決、川内原発再稼働ゴーサイン、大飯再稼働差し止め判決、リニア中央新幹線着工間近」

暑い夏が来ました！　連日の暑さに不快指数も上がる一方です。福井地裁が大飯原発の再稼働を禁じる判決を出し、滋賀県知事選では卒原発論を嘉田サンから継承するとした三日月サンが勝利するなど、少し涼風が立ちましたが、それを尻目に、ついに川内原発は再稼働することになり、キョージュもAさんも怒りにヒートアップしましたが、一方では検察審査会の東電トップ起訴相当の議決に、エールを送っています。そして、リニア中央新幹線の着工が決まりました。キョージュはその経緯を調べてみて、怒りを爆発させています。ニホンはこれからどこに行くのでしょう？

（２０１４年８月７日）

新・新２０１４・秋「秋色深し、日本環境行政」

夏から秋にかけて度重なる豪雨災害があり、さらには御嶽山の突然の水蒸気爆発で多くの犠牲者が出ました。日本が世界に冠たる自然災害大国であることを改めて再確認させられました。キョージュとAさんは、火山と原発の問題をおさらいしたあと、公開された吉田調書からなにが見えてきたかを考えます。そのあと、国連気候サミットと温暖化＝気候変動、生物多様性ＣＯＰ12、工事着工した辺野古埋立とジュゴン訴訟、議員立法で成立した地域自然資産法とその問題点、調査捕鯨再出発にさしかかった暗雲、そして国敗訴でついに決着したアスベスト訴訟を次々と俎上に取り上げ一刀両断していきますが、キョージュの顔色は憂いに満ちています。

（２０１４年11月17日）

あとがき　時評のバックグラウンド ―レンジャーから環境役人への軌跡―

時評には、ぼくの個人的な評価――人によっては独断と偏見と言われるかもしれません――が前面に出されています。そうした個人的な評価には、ぼくの役人としての体験が大きく反映していますし、体験談や回想自体が時評のテーマになることも再々でした。

もともとぼくは都会暮らしや組織人になるのがイヤで、国立公園のレンジャーになるべく厚生省国立公園局（後の環境庁自然保護局、現在の環境省自然環境局）に採用され、3カ所で10年近くレンジャーをしていました。その後2年間だけという口約束で本庁勤務にされます。本庁自然保護局には結局5年ほどいました。そのあとは自然保護局が本籍の技官だというのに、「2年間だけ武者修行に行ってこい」と公害部局に出され、それからは人事の綾とやらで自然保護の世界に戻ることなく、公害や環境管理のいろんなところを転々としました。

ぼく自身は割と順応性が高いのか、どこに行っても「住めば都」的な感覚ですぐに馴染めて、それなりに楽しんで役人生活を過ごせましたし、それが結果的に大学に来るのに幸いしました。

役人としての経歴と具体的な中身は前述のＨＰで公開していますので、それを参照していただくとして（「わが役人私史」〈Http://www.prof-net/stone/stone_otHers_31-2.Html〉）、とりあえず要点だけをピックアップします。まずは経歴ですが次のようなものです。

厚生省国立公園局本庁（東京）→瀬戸内海国立公園鷲羽山駐在レンジャー→中部山岳国立公園平湯温泉駐在レンジャー（この間に環境庁創設。組織ごと環境庁自然保護局に）→総理府審議室主査（東京）→霧島屋久国立公園えびの駐在レンジャー→環境庁自然保護局保護管理課事業係長→同保護係長→同計画課保全企画係長→大気保全局大気規制課大気調査官→鹿児島県環境局環境管理課環境管理監→同公害規制課長→同公害規制課長兼原子力安全対策室長→環境庁水質保全局企画課調査官→同瀬戸内海環境保全室長→同水質規制課長→国立環境研究所主任研究企画官→米国連邦議会東西センター客員研究員（在ハワイ）→環境庁環境研修センター所長→辞職して関西学院大学へ

ぼくは最後までレンジャー村の住民だったにもかかわらず、役人時代の後半は公害・環境管理系のところばかりをまわって終わった唯一の人間です。また勤務地も地方と霞が関が半々で、ある程度現場の状況を知っていること、本省だけでなく、他省・県・研究所・研修所の経験もあること、原発だけでなく、ダイオキシンやアスベストといった、後に脚光を浴びることになるカレントトピックスに、環境庁のなかではもっとも多く触れた1人だと言っていいでしょう。そうしたさまざまな環境分野に広く（＝浅く？）関わってきたことが、大学に来ることに、そして後に時評を書く際に役立ちました。

当時の環境庁は政府のなかではどちらかというと反体制的ポジションであり、おそらく管理職も含め、職員の自民党支持率のもっとも低かった役所でないかと思いますし、なかでも現地のレンジャーはその最たるものでした。

左遷概念が一般と逆転し、僻地に行かされれば行かされるほど狂喜し、霞が関転勤に落ち込むのが当時のレンジャーの性癖でした。ただ役人でいながら、少なからず反体制的志向や情念があったということは、心のどこかで上

級甲（今でいうI種）でありながら、せいぜい上級乙か中級並にしか遇されなかったことへの不満のあらわれかもしれない、と自戒はしています。ただ、それだけでなく、経済成長至上主義、成長信仰に対するレジスタンスという側面もあったのだと思いますし、それは今も厳然とぼくのＤＮＡに刻み込まれているのです。

こんな時評ですが、これからも書き続けていこうと思っていますので、よろしければ、ご覧になっていただければと願っています。

謝辞

この時評は多くの方の支えなしではやってこれませんでした。

鹿児島在住の桑畑眞二さんには、時評の前身である「環境行政ウォッチング」の執筆機会を与えてくださいました。

環境庁ＯＢの鹿野久男兄と松浦雄三さんはこの対話調時評を「環境行政時評」としてＥＩＣネットに書くよう取りはからってくださいました。鹿野兄には現在にいたるまで事実誤認の有無や誤字脱字のチェックをしていただいていますし、松浦さんはぼくが環境省批判や政府批判も含めて自由に書くことを最後までサポートしていただけました。さまざまな傍注を書き込んでいただいたり、リンク先を見つけていただくなど、担当の下島寛さんはじめＥＩＣの皆さんには万全の編集をしていただきました。

関西学院大学総合政策学部広報委員会と学部事務室は、学部ＨＰへの移行を快く受け入れていただきました。

学部ＨＰに移行してからは谷岡華、Ａ・Ｔ、嶋村実香の各嬢が編集とアップをしてくれました。

また前述の鹿野兄とともにやはり環境庁ＯＢの岡崎誠さんにチェックしていただいています。

そして今は関西学院大学総合政策学部教授の山田孝子先生に編集とアップをお願いしています。

そうした方々に支えられてきたことに改めて感謝したいと思いますし、10年以上も書き続けることができたのは、市川惇信先生（元国立環境研究所長）はじめ多くの先生や友人知己の、そしてまだ見ぬ多くの読者のはげましでした。そして妻の妙子も執筆を背後から支えてくれました。

本書は書き下ろした地の文と、ネット上で掲載した「環境行政時評」の転載、抜粋がパッチワーク状になっています。しかもネット上の時評は横書きで、多くの傍注やリンクが張られています。それを縦書きの本書として取りまとめるための編集には多大の労苦があったと思います。それを可能にした関西学院大学出版会の田中直哉、編集担当の松下道子の両氏の努力に心からお礼を申し上げます。

最後に本書は関西学院大学総合政策学部の高畑由起夫学部長（当時）に出版を勧めていただくことで実現しました。高畑先生は実際に自ら試行版を作成していただくなど、学部出版物とすることに多大なご尽力を賜りました。ぼくの夢の1つは環境に関する書籍の刊行でしたが、本書がこうしてお目見えし、夢が叶えられたのは高畑先生のおかげです。

第91講　激動の政局、空転する環境政策（2010/8）
★この講から学部HP専管に
第92講　いつまで持つか、古い革袋～新予算要求システムの試案～（2010/9）
★画期的な政策提言!?
第93講　まもなく生物多様性COP10開幕（2010/10）
第94講　多様性COP10（2010/11）
第95講　菅難辛苦、岐路に立つ仙谷JAPAN（2010/12）
第96講　海図なき航海（2011/1）
第97講　逆流のただなかで（2011/2）
第98講　ジャスミン革命のもたらすもの（2011/3）
第99講　未曾有の国難の只中で（2011/3）
★3/11、地震・津波災害と原発事故の衝撃
第100講　とりあえず最終講宣言（2011/5）
★季刊で続ける旨、宣言

新・H教授の環境行政時評

2011・夏　「脱・原発依存社会」の行方～原発とエネルギーをめぐる四方山話～（2011/7）
★季刊第1回。今回から原発談が増える
2011・秋　「秋深し、『どぜう』は何をする人ぞ～われわれはどこから来たのか、われわれはどこにいるのか、われわれはどこに行こうとしているのか～」（2011/11）
2012・冬　COP17の総括、原発・フクシマ最新動向、そして自壊する日本と世界（2012/1）
2012・春　春なお遠し、日本環境行政（2012/4）
2012・夏　Hキョージュ、エネルギー政策の裏側を衝く（2012/8）
2012・秋　秋の夜長の環境夜話（2012/11）
2013・冬　最終時評～2013年の環境政策のみどころ～（2013/2）
★定年退職による終刊宣言

新・新Hキョージュの環境行政時評

2013・夏　富士山世界文化遺産登録！　そして原発再稼働へ（2013/7）
★新シリーズ、スタート。タイトル変更
2013・秋　未来予想図～原発再稼働とCOP19～（2013/10）
2014・冬　年明け三題噺～「都知事選と原発政策」「総括COP19」「特集鳥獣保護法改正」（2014/1）
2014・春　春は来たが…（2014/5）
2014・夏　眠れぬ夏の夜のぞっとする話とほっとする話（2014/8）
2014・秋　秋色深し、日本環境行政（2014/11）

第55講　政治の空白に直面する環境政策～と標題だけは大げさに～ (2007/8)
第56講　上方環境夜話（付:回想～役所新人時代～）(2007/9)
★新人時代の役所考
第57講　第3次生物多様性国家戦略案をめぐって (2007/10)
第58講　アフリカの心、日本の心～サンコン氏との対談～ (2007/11)
★GEC（地球環境基金）主催でオスマン・サンコン氏との対談からの触発
第59講　翼よ、あれがバリの灯だ！（付：拡大フィフティフィフティ）(2007/12)
第60講　京都議定書第1約束期間初年 (2008/1)
第61講　日本列島、1月の環境狂騒曲 (2008/2)
第62講　ニッポン、国内排出量取引制度導入に政策転換 (2008/3)
第63講　風雲急を告げる道路特定財源問題と温暖化問題 (2008/4)
第64講　エコツーリズム推進法と小笠原 (2008/5)
第65講　08年5月、神戸のG8環境大臣会合をめぐって (2008/6)
第66講　福田ビジョンを超えて (2008/7)
第67講　戦いすんで日が暮れて～洞爺湖サミット終了！～ (2008/7)
第68講　夏の夜の夢～キョージュの2030年論～ (2008/9)
第69講　激動の9月 (2008/10)
第70講　憂鬱なる硬派～「人類は絶滅する」考～ (2008/11)
第71講　いまこそ「時のアセス」を！ (2008/12)
第72講　2009年霧中の旅～新春呆談～ (2009/1)
第73講　当たるも八卦、当たらぬも八卦、新たな海域保護制度（付:ダーウィン生誕200年）(2009/2)
第74講　化学物質対策の新展開～化審法改正～ (2009/3)
第75講　再生するか、国立公園 (2009/4)
第76講　低炭素革命雑感（付:漂着ごみの行方）(2009/5)
第77講　後退する氷河と増大する氷河湖決壊の危機 (2009/6)
第78講　日本政府、『中期目標』決定 (2009/7)
第79講　新たな政策形成回路創出に向けて～わが国の政権運営の行方は～ (2009/7)
第80講　政権交代と環境政策 (2009/9)
第81講　鳩山革命の行方は？ (2009/10)
第82講　友愛か憂曖か～苦悩する鳩山政権～ (2009/11)
第83講　COP15前夜（付:事業仕分けをめぐって）(2009/12)
第84講　2010年新春呆談～平成維新のその先は？～ (2010/1)
★本講から検閲が異常に強化され、カット相次ぐ
第85講　2010年、環境政策始動～温暖化対策基本法制定とアセス法改正に向けて～(2010/2)
第86講　ポスト2010年目標～生物多様性保全の新たな展開に向けて～ (2010/3)
第87講　鳩山内閣誕生から半年 (2010/4)
第88講　鳩山内閣の環境政策～迷走か、瞑想の末か～ (2010/5)
第89講　EICネット最終講宣言～未知の世界へ～ (2010/6)
★EICネットから学部HPへの移行を宣言
第90講　中締めの季～お礼とお願い～ (2010/7)
★この講はEICネットと学部HPの競作

資料　全時評113講のタイトル一覧

時評で取り上げたテーマは実に多岐にわたっていて、タイトルだけではわからないことが多いのですが、ある程度の雰囲気はつかめると思いますので、次に掲げることにします。

時評には大なり小なり体験談や回想が含まれていますが、特に色濃く含まれるものや、逆転の発想のような画期的（？）提言、その他、重大な区切りになるものについては★をつけ、注記しました。太字は本書で全編を採録したもので、抄録したものは下線を引いています。（　　）はアップした年月です。

H教授の環境行政時評

第1講　環境行政、2002年の総括と2003年の展望（2003/1）

第2講　Hキョージュ、循環型社会形成推進基本計画案を論じ、環境アセスメントの意味を問う（2003/3）
　★1講ではまだ注やリンクがありませんでしたが、読者の声に応え、2講からは注とリンクを張っています

第3講　Hキョージュ、水フォーラムを論じ、ダイオキシンを語る（2003/4）
　★ダイオキシンは体験談を踏まえた論考

第4講　或る港湾埋立の教訓（2003/5）
　★W県の港湾埋め立ての顛末にかかる体験談

第5講　脱ダム、自然再生、環境教育　三題噺（2003/6）

第6講　半年継続記念　読者の声大特集（付:コーベ空港断章）（2003/7）
　★神戸空港構想時に推進派と対峙した回想

第7講　亜鉛の環境基準をめぐって（付:レンジャー今昔物語）（2003/8）
　★レンジャー体験談

第8講　盆休み 四方山話——電力雑感、読者の便りPart2、環境教育法、大気行政体験記（2003/9）
　★大気保全局体験談

第9講　夏のできごと＆温暖化対策税雑感（2003/10）

第10講　秋深し、瀬戸内法はなんのため？（2003/11）
　★瀬戸内海環境保全対策室長時代の体験談

第11講　浄化槽と下水道　～浄化槽法20年～（2003/12）

第12講　2004新春　環境漫才（2004/1）

第13講　都市の生理としての環境問題～花粉症・ヒートアイランド・都市景観～（2004/2）

第14講　BSE愚考、廃家電横流し雑考（2004/3）

第15講　Hキョージュのやぶにらみ環境倫理考（2004/4）

第16講　環境ホルモンのいま（2004/5）

第17講　SEAの必要性・可能性（付：S湾アセス秘話）（2004/6）
　★県での体験談を含む

第18講　キョージュ、無謀にも畑違いの原発を論ず（2004/7）
　★県での体験談を含む

第19講　キョージュの私的90年代論（2004/8）
　★役所、役人の体験的変貌論

第20講　喧騒の夏（2004/9）

著者略歴

久野　武（ひさの・たけし）

1944 年京都生まれ。

1967 年京都大学卒。

同年 4 月に厚生省（当時）入省。1971 年 7 月の環境庁発足により、環境庁勤務。

レンジャーとして、瀬戸内海・中部山岳・霧島屋久　各国立公園の管理に従事。

また本庁では、水質規制課長、国立環境研究所主任研究企画官、環境研修センター所長等を歴任（この間、ハワイ東西センター客員研究員なども）。

1996 ～ 2012 年度まで関西学院大学総合政策学部教授。

現在は関西学院大学総合政策学部名誉教授。

趣味は鉱物の採集、収集。

イラスト提供　株式会社アット イラスト工房

関西学院大学総合政策学部教育研究叢書 5

環境漫才の世界

―― H キョージュの環境行政時評

2015 年 3 月 31 日 初版第一刷発行

著　者　久野　武

発　行　関西学院大学総合政策学部
発　売　関西学院大学出版会
所在地　〒 662-0891
　　　　兵庫県西宮市上ケ原一番町 1-155
電　話　0798-53-7002

印　刷　大和出版印刷株式会社

Printed in Japan by Kwansei Gakuin University Press
ISBN 978-4-86283-197-2